石油高职教育"工学结合"教材

环境工程微生物

王艳玲 李 莉 主编

石油工业出版社

内 容 提 要

本书从应用角度出发,紧密结合微生物环境检测和治理岗位典型工作过程,以培养学生职业能力为主线,主要介绍了环境工程中污水、有机固体废弃物、废气的生物处理及饮用水细菌学检验过程中涉及的微生物学基础知识与操作技能。

本书可作为高职院校环境监测与治理、环境科学、环境工程、给水排水、环境保护等环境类专业教材,也可作为职工岗位培训用书及现场技术人员的参考用书。

图书在版编目(CIP)数据

环境工程微生物/王艳玲,李莉主编.

北京:石油工业出版社,2011.9

石油高职教育"工学结合"教材

ISBN 978 - 7 - 5021 - 8646 - 3

Ⅰ. 环…

Ⅱ. ①王…②李

Ⅲ. 环境微生物学 – 高等职业教育 – 教材

Ⅳ. X172

中国版本图书馆 CIP 数据核字(2011)第 169617 号

出版发行:石油工业出版社

　　　　(北京安定门外安华里 2 区 1 号　　100011)

　　　网　　址:www.petropub.com.cn

　　　编辑部:(010)64523574　　发行部:(010)64523620

经　　销:全国新华书店

印　　刷:北京华正印刷有限公司

2011 年 9 月第 1 版　 2011 年 9 月第 1 次印刷

787×1092 毫米　开本:1/16　印张:9.25

字数:227 千字

定价:18.00 元

(如出现印装质量问题,我社发行部负责调换)

前　　言

目前,以服务为宗旨、以就业为导向的高等职业教育的课程改革工作方兴未艾,各具特色的《环境工程微生物》高职教材已有若干版本,但仍不能满足情境化教学的需要。本教材的指导思想是突出高职特色,着力实现工学结合。教材内容全部情境化,打破了以往教材先理论、后应用、再实践的传统模式,使理论知识和实践技能融合在具体工作过程中。全书7个学习情境涵盖了环境治理行业污水、固体废物、废气的主要生物处理方法和水体细菌学检验方法,突出了职业性、技能性。

本教材是校企合作开发的基于工作过程的任务驱动型教材,教材编写组成员由一线教师和企业专家共同组成,主要面向石油化工企业和城市污水生物处理岗位、水质微生物检测岗位、固体废物和大气生物治理岗位。本教材吸收其他教材的先进思想和方法,融入了一线教师多年的教学经验和企业专家丰富的岗位实践知识与实践经验。

本教材力求语言叙述清晰、准确,简明扼要,通俗易懂。主要具有以下特点:

(1)校企合作,具有工学结合特色。经过充分的企业调研,根据岗位需求和区域特点,确定教材内容。学习与工作结合,充分体现了基于工作过程的重构性。尽可能以企业生物治理岗位和微生物检测岗位的典型工作任务为载体,使学生在完成具体的工作任务或分析现场案例的过程中训练专业能力,获得理论知识,提升职业素养。

(2)内容情境化,突出高职特色。本教材包括7个学习情境,均来源于企业岗位真实工作过程,充分体现了教材的实用性及与专业岗位的相关性。通过对每个学习情境的简单描述,使学生学习目的更加明确,使学生的知识、技能、情感态度更贴近职业要求。

(3)任务驱动,利于学生自主学习。本教材主要通过设置情境简介、学习目标、学习内容、工作内容、工作准备、任务实施、相关知识等环节,在任务引领下,引导学生自主学习。为帮助学生自检,每个学习情境均设置有自我检测。

本教材由大庆职业学院王艳玲、李莉任主编,大庆油田中区污水处理厂费文杰、大庆炼化公司高秦、大庆职业学院庞颖任副主编。王艳玲编写导课和学习情境一的任务一至任务七,李莉和庞颖共同编写学习情境三、学习情境四、学习情境五,费文杰编写学习情境二,高秦编写学习情境一的任务八和学习情境七,大庆职业学院的王雪峰编写学习情境六和附录。大庆炼化公司的连剑云为本书提供了相关的资料和素材,并参与了部分章节的编写。全书由王艳玲统稿。

编者谨向被本书引用为参考文献的图书及文章的作者表示真诚的谢意。鉴于编者水平有限,书中难免有疏漏和不妥之处,恳请有关专家及老师和同学们指正。

编者
2010 年 11 月

目　　录

导课　了解环境工程微生物课程

📖 导课简介

导课为入门课,主要介绍微生物的特点、微生物与环境和人类的关系、微生物在环境治理中的作用及环境工程微生物学的研究内容,使学生对微生物有初步认识,对本门课程有初步了解。

📖 学习目标

(1)掌握微生物的特点;

(2)了解微生物在环境治理中的作用和应用;

(3)了解微生物与人类的关系;

(4)明确本门课程要学习的内容。

📖 相关知识

(一)微生物概述

微生物(microorganisms)一词并非生物分类学上的专用名词,是所有形体微小的单细胞或简单的多细胞甚至无细胞结构的,必须借助显微镜才能观察到的低等生物的通称。

环境中微生物按有无典型的细胞结构可分为细胞型微生物和非细胞型微生物。

细胞型微生物有细胞结构,即细胞膜、细胞质、细胞核,其 DNA、RNA 同时存在。细胞型微生物包括原核微生物和真核微生物。原核微生物没有核膜、核仁,DNA 裸露;细胞器分化不完善,只有核糖体。原核微生物包括细菌、放线菌、蓝细菌、鞘细菌、立克次氏体、支原体、衣原体、螺旋体等,是具有原始细胞核的单细胞生物。真核微生物有核膜、核仁,DNA 不裸露;细胞器分化完善。真核微生物包括真菌(酵母菌、霉菌)、微型藻类、原生动物、微型后生动物等,是具有细胞核的单细胞或简单多细胞生物。

非细胞型微生物无细胞结构,其 DNA、RNA 不同时存在,包括病毒、亚病毒(类病毒、拟病毒、朊病毒)。

1. 微生物的特点

微生物是简单、低等的生命,但形态、种类繁多,呼吸类型、营养类型多样。微生物与其他生物相比,具有以下特性,使其在环境污染降解中具有突出的优势。

(1)个体微小,结构简单。

微生物结构简单,包括没有细胞结构不能独立生活的病毒、亚病毒(类病毒、拟病毒、朊病毒),单细胞的细菌、放线菌、蓝细菌、酵母菌、原生动物、单细胞的藻类等,还有简单多细胞的霉菌。表示微生物大小的单位是 $\mu m (1m = 10^6 \mu m)$ 或纳米($1m = 10^9 nm$),必须借助显微镜,甚至是电子显微镜将其放大数百乃至数十万倍方能辨认。病毒比细菌小,细菌以微米为计量单位,病毒以纳米为计量单位。1500 个杆菌首尾相连总长度只有 1 粒芝麻的长度,80 个杆菌肩并肩排列宽度仅有 1 根头发丝的宽度。

微生物体积虽小,但比表面积(单位体积的表面积)很大,如大肠杆菌的比表面积为人的 30 万倍。这种体积小、结构简单、比表面积大的特点,使微生物的每一个细胞都可与周围环境接触,使微生物单位体积与外界环境接触的表面积大,有利于微生物与环境进行物质交换。

(2)营养吸收多,转化快。

微生物吸收营养速度非常快,转化物质能力非常强。例如,在适宜条件下大肠杆菌每小时可消耗其自身重量 2000 倍的糖;一个大肠杆菌 1h 消耗的糖,按质量比等于 1 个人 500 年内消耗的粮食。乳酸菌 1h 产 1000 ~ 10000 倍于其细胞重量的乳酸。微生物营养吸收多、转化快的特点使微生物具有迅速将环境中污染物分解转化的能力,也为微生物迅速生长繁殖提供了可能。

(3)生长旺盛,繁殖迅速。

微生物具有极快的繁殖速度,在实验室培养条件下细菌十几分钟至几小时可以繁殖一代。有的细菌在适宜条件下,20min 就能繁殖一代,24h 可增殖 72 代,由 1 个可增殖为 4×10^{12} 亿个。大肠杆菌在 37℃ 的牛乳中培养,12.5min 就繁殖一代。微生物的旺盛生长、高速繁殖特性,大大提高了污染物降解和转化的效率。

(4)适应性强,易变异。

微生物适应性强。多数细菌能耐 0 ~ -196℃ 的低温。在海洋深处的某些硫细菌可在 250℃ 的高温条件下正常生长。一些嗜盐细菌可在饱和盐水中正常生活。有高等生物的地方均有微生物生活,动植物不能生活的极端环境也有微生物存在。

微生物惊人的繁殖速度决定了它即使变异频率极低(一般为 10^{-5} ~ 10^{-10})也可在短时间内产生大量变异后代,包括适应环境的变异个体。涉及诸如形态结构、代谢途径、生理类型、各种抗性及代谢产物的变异等,产生了灵活的代谢调控机制,可产生多种诱导酶,从而使之具有较强的抗逆性,如抗热、抗寒、抗干燥、抗酸、抗缺氧、抗压、抗辐射以及抗毒能力。适应性强、易变异使微生物具有不断更新的降解能力。

例如,青霉素生产菌,1943 年每毫升青霉素发酵液仅 20 单位青霉素,至 20 世纪 80 年代由于各国微生物育种工作者的努力和发酵条件的改善,新的生产用菌株产青霉素的能力不断提高,每毫升发酵液已超过 5 万单位,有的接近 10 万单位。同时,变异导致金黄色葡萄球菌耐药性菌株的耐药性比原始菌株提高了 1 万倍。

(5)种类多,分布广。

地球上的微生物估计有 100 万种以上,已确定的微生物有 10 万余种。自然界微生物的生物物质总量为 $(2 ~ 10) \times 10^{12} kg$(以碳计),与自然界动物和人类的生物物质总量 $(6 ~ 12) \times 10^{12} kg$ 处于同一数量级。

微生物分布在地表以上 10km 至地表以下 11km 的整个生物圈,从高空到深海,从沙漠到绿洲,从南极到北极,不论空气、土壤、水体,还是动植物和人体,都生存着各种各样的微生物。微生物可谓无所不在,无孔不入。

微生物之最:个体最小、数量最多、分布最广、形态最简、变异最易、起源最早、胃口最大、抗性最强、食谱最广、休眠最长、繁殖最快、种类最多。

2. 在生物分类系统中微生物的主要分类单位

在生物分类系统中,微生物的分类单位由大到小依次是:界、门、纲、目、科、属、种。种是基本分类单位,种以下可再分为亚种、变种。

例如,啤酒酵母:酵母种

酵母属

内孢霉科

内孢霉目

子囊菌纲

真菌门

真菌界

3. 微生物命名

微生物的命名和其他生物一样,采用瑞典植物学家林奈的"双名法"命名原则,即:属名 + 种名 + 定名人。

双名制就是采用 2 个拉丁文组成一个学名,由微生物所属的属名和种名组成。属名在前,种名在后,均用斜体字。属名第一个字母必须大写,是拉丁文名词或拉丁化的名词。种名则需小写,是拉丁文或拉丁化的形容词。命名者的姓名或发表年份用正体字表示,写在学名后,一般可省略,例如大肠埃希氏杆菌的学名为 *Esoherichia coli*。

病毒的命名方法目前采用英语通用名。

4. 微生物与环境和人类的关系

1)维持生态系统的平衡

生态系统包括非生物组分和生物组分,生物组分包括生产者、消费者、分解者。微生物是生态系统中的分解者。生态系统中的动、植物残体和排泄物被分解者分解利用,并从中获得生命所需物质和能量。所以微生物维持着生态系统的"自净作用"。

自然界中最大的生态系统就是生物圈,而在生物圈中,物质是不生不灭,往复循环的,即从无机到有机,从有机到无机,实现这一循环的就是分解者微生物。微生物在自然界的物质循环中起着重要作用,它们促使有机和无机物之间不断地进行相互转化,解决了生物界繁衍对物质的无限需要和自然界物质资源的有限性之间的矛盾。

例如,自然界中的氮循环。土壤中大量的固氮菌,将大气中的 N_2 转化为硝酸盐(即固氮),供植物、微生物吸收利用,合成体内含氮物质。植物体内的含氮物质通过食物链转化为动物体内的含氮物质。动、植物尸体和排泄物被细菌和真菌通过脱氨基作用所分解,产生氨,亚硝化菌将氨转变为亚硝酸盐,硝化菌将亚硝酸盐转变为硝酸盐。反硝化菌则把硝酸盐还原为游离状态的 N_2。由此可见,没有微生物,就没有自然界的氮循环。

对于大量人工合成的化合物,在短时间内微生物不能转化,经过生态系统的物质循环,会积累在不同的生物体内,特别是有毒有害、致畸致癌物质,经过生物放大作用,使生态系统中的生物在质和量两方面发生很大的变化,而最终威胁人类的健康。

2)医药与健康

大多数微生物对人类是有益的,人类的健康离不开微生物。最早弗莱明从青霉菌抑制其他细菌的生长中发现了青霉素,这对医药界是一个划时代的发现。后来大量的抗生素从放线菌等的代谢产物中筛选出来,如红霉素、土霉素、链霉素、庆大霉素等。抗生素的使用在第二次世界大战中挽救了无数人的生命。

人体肠道中有大量微生物存在,称正常菌群,其中包含的细菌种类高达上百种,主要有大肠杆菌、产气杆菌、粪产碱菌、产气荚膜梭菌、乳酸杆菌等。人体为这些微生物提供了良好的栖息场所,而这些细菌能合成核黄素、维生素 B₁₂ 等多种维生素以及氨基酸,供人体吸收利用。同时,对食物、有毒物质甚至药物的分解与吸收,菌群都发挥着重要作用。一旦菌群失调,就会引起疾病。

某些微生物可引起疾病。如天花由天花病毒引起,霍乱由霍乱弧菌导致,疟疾由疟原虫引起。其他如败血病、肠炎、伤寒、痢疾、白喉、肺炎、猩红热、肉毒梭菌中毒、病毒性肝炎、脊髓灰质炎、流感等均由致病微生物导致。黄曲霉能产生致癌的黄曲霉素,蓝藻、绿藻和金藻能引起水体的富营养化。

3)食品与生产

一些微生物被广泛应用于工业发酵,生产乙醇、丁醇、食品、维生素 C 及各种酶制剂等。乳酸杆菌作为一种重要的微生态调节剂参与食品发酵过程。发酵食品包括奶酪、酸奶、酱油、腐乳、豆豉、面包、泡菜等,微生物还用于酿酒(啤酒、果酒、白酒)。

某些特殊微生物酶参与皮革脱毛、冶金、采油采矿等生产过程,甚至直接作为洗衣粉等的添加剂。有的微生物能吸附放射性物质铀和钍,有的能制造氢气、制造细菌电池。另外还有一些微生物的代谢产物可以作为天然的微生物杀虫剂广泛应用于农业生产。

微生物已被用于合成许多重要的化合物,遗传工程技术的进步已经使得人们可在微生物中克隆药用的重要多肽。

我国在利用微生物生产氨基酸、有机酸、抗生素、酶制剂、酿酒、菌肥、农药等方面已有相当的基础,尤其是抗生素的产量在世界名列前茅。我国的微生物资源丰富,但在菌种筛选、良种培育和工艺技术方面离世界先进水平还有一定的差距,还需要科研工作者进一步努力。

(二)微生物在环境治理中的作用

1. 环境监测方面的作用

微生物监测是生物监测的重要组成部分,生物的生活地域具有相对稳定性,不仅能对多种污染做出综合反映,而且还能反映污染历史。利用在环境中生存的微生物种类、数量、活性等特征,来判断环境状况的好坏,这些微生物称为指示生物。

生物监测的优点有四个方面,即:长期性——汇集了生物在整个生活时期中环境因素改变的情况,可以反映当地的环境变化;综合性——能反映环境诸因子、多成分对生物有机体综合作用的结果;直观性——直接把污染物与其毒性联系起来;灵敏性——有时甚至具有比精密仪器更高的灵敏性,有助于提早发现环境污染。生物监测的缺点是:定量化程度不够;需要一定的专业知识和经验。

2. 环境治理方面的作用

环境工程中,微生物是生物处理的工具。所谓生物处理就是在微生物的作用下去除污染物的工艺过程。

由于微生物具有旺盛的代谢能力和极强的适应性,使其在消除环境污染物方面显示出突出的优势。环境工程中,微生物已成为污染治理的重要工具,包括污水、废气、固体废弃物的处理和回用。

(三)环境工程微生物学的内容

环境工程中污染处理技术包括物理法、化学法和生物法,生物法具有经济、高效、无害化的特点。环境工程微生物学是在环境科学和环境工程的基础上发展起来的一门边缘学科,为环境工程中污染生物处理提供理论依据和方法指导。环境工程微生物学关注自然环境中和污染环境生物治理过程中微生物的作用与生态,是研究环境污染控制工程中生物处理方法和效率的一门学科。

  微生物在环境工程实践中的应用,实际上是微生物学原理和技术的应用。微生物学基础知识包括环境中微生物类群及形态结构特征、微生物的呼吸与营养特性、微生物生长规律和生长测定方法、微生物生态、微生物分离与培养方法、微生物在自然界物质循环中的作用、微生物的遗传与变异等。没有微生物学基础知识,先进的环境生物治理技术的开发和应用就只能成为一句空话。

  污染生物处理是依据微生物的代谢特点,人工强化自然净化过程。在污染生物处理系统中,要了解处理系统中微生物的生理特点,要创造净化污染物的微生物群体所需要的环境条件,提高处理效率。

  除水污染之外,大气污染、土壤污染、固体废物污染等等,最终都将通过水循环使污染物进入生态系统。土壤污染治理技术研究与开发,已成为当前国内外环境保护领域的热点课题,如利用土壤微生物或筛选驯化的工程菌来进行污染土壤修复的生物修复技术研究就是其中之一。空气质量对人类健康有着直接的影响。利用微生物对污染空气进行净化并不普遍,但在可控条件下采用微生物处理法还是比较经济、高效的。例如:城市垃圾中转站的恶臭空气,可以通过向空气中喷洒有效菌群加以净化;在污泥消化过程中产生的含 H_2S 的气体,也可以通过生物滤塔得以净化。

  随着现代工业的发展和人们生活水平的提高,各种污染物源源不断地排入水体和土壤,环境中的微生物受到多因素的诱导,发生变异,产生更能适应新环境的新品种,使微生物种类更加丰富。当今国内外各种城市污水、生活污水、有机工业废水的处理绝大多数采用生物法为主体,甚至有毒废水和工业废弃物(如废电池)均可用微生物方法处理。

学习情境一 活性污泥法处理污水

情境简介

目前国内外污水处理绝大多数采用生物处理法为主体。活性污泥法是最常用的污水生物处理方法之一,被广泛用于处理城市生活污水和各种工业废水,以使污水排放达到国家标准或可以实现中水回用[中水是对于上水(给水)和下水(排水)而言的,中水回用指废(污)水集中处理后达到一定的标准而用于不同的用途,从而达到节约用水的目的]。通过本情境的学习,使学生掌握活性污泥法净化污水的原理、环境中微生物种类和代谢特点,能完成培养基的制备与灭菌、微生物观察和培养、微生物分离与染色、微生物计数与检测、活性污泥性能测定与评价等工作,了解微生物的生态和微生物降解有机物的途径。

学习目标

(1)能够在显微镜下观察活性污泥生物相并描述,掌握活性污泥的组成;

(2)能够完成"污泥三项"的测定操作,并评价污泥性能;

(3)能够完成培养基的制备与灭菌,微生物分离、培养、染色等基本操作;

(4)掌握微生物的营养类型、呼吸类型及影响微生物生长的影响因素;

(5)能够完成微生物对有机物降解能力的定性测定工作,了解微生物降解污染物的途径和有机污染物生物降解性的评价方法;

(6)掌握活性污泥法净化污水的原理和一般工艺流程;

(7)了解活性污泥法 A/O 工艺脱氮除磷的原理和工艺。

学习任务

(1)认识、观察活性污泥;

(2)观察活性污泥生物相;

(3)监测活性污泥性能;

(4)培养基的制备与灭菌;

(5)活性污泥中细菌的纯种分离和平板计数;

(6)活性污泥微生物的革兰氏染色;

(7)测定有机污染物生物降解性的定性;

(8)使用活性污泥 A/O 工艺处理含油污水。

任务一 认识、观察活性污泥

学习内容

(1)废水好氧生物处理法原理和方法;

(2)认识活性污泥,肉眼观察活性污泥,描述活性污泥的状态、颜色、性能;

（3）活性污泥的组成和微生物种类；

（4）活性污泥中微生物生长所需条件；

（5）微生物的呼吸类型和营养类型。

工作内容

肉眼观察并描述活性污泥。

任务实施

将取自污水处理曝气池中的活性污泥混合液搅拌均匀后静置。肉眼观察，描述活性污泥的状态、颜色、性能。

相关知识

（一）废水生物处理法

当污水排入水体后，使水体受到一定程度的污染。当水体流过一定距离后，经过物理、化学及生物等作用得到净化，此过程称为水体的自净。生物作用在自净过程中起着重要作用，水体中的微生物以水体中的有机污染物为营养，经吸附、吸收、氧化分解，把有机物分解为无机物，污水得到了净化，这就是生物处理的基本原理。

当污水排入土壤后，土壤中的微生物同样能氧化分解污水中的有机污染物，生成的无机物质被植物生长所吸收利用，土壤得到了净化。

利用水体和土壤净化污水的方法自古以来一直沿用着，但净化过程往往很缓慢，净化能力也很有限。当污染超过水体或土壤的自净能力时，水体中溶解氧耗尽，水体自净能力丧失，水体变黑、变臭或使土壤沼泽化。

1. 好氧生物处理法

根据水体和土壤自然净化污水的基本原理，在人工控制下，给微生物创造良好的净化污水的条件，不断供给微生物空气，加速微生物氧化分解有机物的速度，加速污水的净化速度，这种方法称为好氧生物处理法。好氧生物处理法是好氧微生物作用的结果。简单说，好氧生物处理法就是指向污水中强行通气，利用好氧微生物降解污水中污染物的方法和工艺。

好氧生物处理法大致可分为两类，即活性污泥法和生物膜法。活性污泥法是利用生长在水中的活性污泥絮状物净化污水；生物膜法是利用附着在载体上的生物膜净化污水。

好氧处理过程中，微生物氧化有机物约有三分之一被分解、稳定，并提供其生理活动所需的能量；约有三分之二被转化，合成为新的原生质（细胞质），即进行微生物自身生长繁殖（图1-1）。

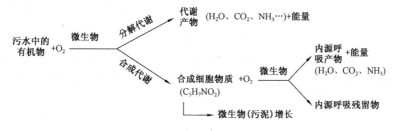

图1-1　污水好氧生物处理过程微生物代谢示意图

2. 活性污泥法

活性污泥法是一种应用最广泛的废水好氧生物处理方法,是利用含有大量好氧性微生物的活性污泥絮状物,在人工强力通气的条件下对污水进行净化的生物处理方法。

1)活性污泥的描述

活性污泥是由大量细菌、霉菌、原生动物、后生动物、藻类等大量微生物聚集而成的土褐色绒絮状泥粒,具有很强的吸附、分解有机物的能力。活性污泥的主体是菌胶团,活性污泥的骨架是丝状菌(包括丝状细菌和丝状真菌),活性污泥中的指示生物是原生动物和后生动物。

2)活性污泥中的微生物

取一滴活性污泥在显微镜下观察,可见有大量微生物。

细菌是活性污泥中数量最多的成员。活性污泥中的细菌主要是以菌胶团的形式存在,少数以游离状态存在。菌胶团具有粘性,能吸附水中的有机物,然后氧化分解。菌胶团是由各种细菌及细菌所分泌的粘性物质所组成的絮凝状团粒,菌胶团使细菌免受环境中原生动物的吞噬,具有较强的抵御不良环境的能力,具有较强的吸附、氧化有机物的能力,在污水的净化过程中担负着降解有机污染物主力军的作用。

活性污泥中的细菌主要有动胶菌属(*Zoogloea*)、无色杆菌属(*Achyomobacter*)、假单胞菌属(*Pseudomonas*)、产碱杆菌属(*Alcaligenes*)、黄杆菌属(*Flavobacterium*)、芽孢杆菌属(*Bacillus*)、棒状杆菌属(*Corynebacterium*)、不动杆菌属(*Acinetobacter*)、球衣菌属(*Sphaerotilus*)、诺卡菌属(*Nocardia*)等。

活性污泥中还有一些丝状细菌,如球衣细菌、贝氏细菌(*Beggiatoa*)、硫发菌(*Thiothrix*)等,与丝状霉菌交织在一起,菌胶团附着在其上,成为活性污泥的骨架。

活性污泥中真菌种类不多,数量较少,主要是霉菌,有毛霉、曲霉、青霉、链孢霉、枝孢霉、木霉、地霉属等。常出现在 pH 值偏低的污水中,需氧量比细菌少,在处理某些特种工业废水和有机固体废渣时起重要作用。异常增殖会引发污泥膨胀。

活性污泥处理系统中,有各种不同的原生动物和微型后生动物,它们能吞食固体有机颗粒和游离的细菌,起到净化污水,提高出水水质的作用。活性污泥中的原生动物可达 228 种以上,以纤毛虫为主,主要附集在活性污泥表面,数量在 50000 个/mL。

原生动物和微型后生动物,为活性污泥系统中的指示性生物,根据它们的种类和特点可以推测污水处理效果和活性污泥处理系统运行情况。

3)活性污泥微生物生长所需条件

污水生物处理,要给微生物生长创造适宜的环境条件,即活性污泥微生物生长所需条件。

(1)温度。

好氧生物处理一般要求水温在 15~40℃。在适宜温度范围内,温度越高,BOD 去除速度越快。温度过高,微生物代谢缓慢,甚至死亡。温度过低,一般低于 5℃,微生物代谢活动受到抑制。

(2)溶解氧。

好氧生物处理系统中,溶解氧不足会严重影响微生物的氧化分解活动,使处理效果明显下降。通常要求曝气池混合液的溶解氧不低于 2mg/L,维持在 2~4mg/L 为宜;出水溶解氧不低于 1mg/L,则表明溶解氧充足。

(3)pH 值。

好氧生物处理系统中,污水的 pH 值一般为 6.5~8.5,其 pH 值变化范围不能太大,以免微生物生长受抑制甚至死亡。

（4）营养。

微生物的生长繁殖,需要多种营养物质。微生物赖以生活的主要营养有碳、氮、磷和硫,还需要少量的 K、Na、Ca、Mg、Fe 等无机盐和维生素等。一般好氧生物处理的 BOD_5（5 日生化需氧量,即在 5 日内可生物降解的有机物在微生物作用下氧化分解的溶解氧量）在 500 ~ 1000mg/L 范围为宜,同时要求 BOD/COD 大于 0.3,表示污水中含有较多的可生物降解的有机污染物。

根据经验,好氧生物处理中污水的 C、N、P 比应满足一定的要求,一般比例关系是 C:N:P = 100:5:1（此处 C 用多 BOD 表示）。如污水中营养比例达不到要求,可以适当添加一定量的化学药剂或用其他来源的污水补充。

（5）有毒物质。

污水中凡是对微生物的生长繁殖有抑制甚至毒害作用的化学物质,都是有毒物质。在待处理的污水中,常含有不同类型的有毒物质,要控制生物处理系统中有毒物质的浓度,使其低于系统的容许浓度,通过逐渐驯化,使微生物逐渐适应较高有毒物质浓度的负荷。

（二）微生物按呼吸类型分类

微生物按呼吸类型分类,即根据微生物对分子氧的不同需求,可将微生物分为好氧微生物、厌氧微生物、兼性好氧微生物三大类。

1. 好氧微生物

好氧微生物必须在有氧的环境中生长,其生活离不开氧,以有氧呼吸获得能量。大多数微生物属于此类,包括大多数细菌和几乎全部的放线菌、真菌、藻类、原生动物,例如芽孢杆菌属、假单胞菌属、动胶菌属、根瘤菌、固氮菌、硝化细菌、硫化细菌等。好氧微生物又分为专性好氧微生物和微好氧微生物。

专性好氧微生物只能在有氧的环境中生长,离开氧或氧量不足就会死亡。绝大多数好氧微生物属于此类。

微好氧微生物只能在较低含氧量的环境中生长。如霍乱弧菌、某些氢单胞菌属和发酵单胞菌属的种。

2. 厌氧微生物

厌氧微生物生长不需要分子氧。包括专性厌氧微生物和耐氧性厌氧微生物。

专性厌氧微生物只有在无氧的条件下才能生活,氧气的存在对其有害,即使短时间接触也会抑制其生长甚至使其死亡。这种微生物不能利用氧气,以无氧呼吸或发酵获得能量,包括产甲烷菌、硫酸盐还原菌、梭状芽孢杆菌和部分原生动物。纯种专性厌氧微生物培养难,常存在于有基质丰富的地方,通常在含有较多还原性物质的培养液中生长。

迄今为止,只在细菌和原生动物中有专性厌氧微生物。专性厌氧微生物广泛分布于湖泊、沼泽及瘤胃动物的消化系统中,如产甲烷菌可催生以下反应:

$$2CH_3CH_2OH + CO_2 \longrightarrow 2CH_3COOH + CH_4\uparrow + Q$$

耐氧性厌氧微生物的生长不需要分子氧,但环境中的分子氧对其无影响。如乳酸杆菌,有氧、无氧均进行乳酸发酵。

3. 兼性好氧微生物

兼性好氧微生物在有氧、缺氧的环境中均能生长,但以不同的方式获得能量,有氧时进行

有氧呼吸,无氧时进行发酵或无氧呼吸。如酵母菌无氧时发酵,硝酸盐还原菌无氧时进行无氧呼吸,氢细菌无氧时行无氧呼吸。例如:

$$2H_2 + O_2 \longrightarrow 2H_2O + 237.39kJ$$

$$5H_2 + 2NO_3^- \longrightarrow N_2\uparrow + 4H_2O + 2OH^- + Q$$

图1-2是五种呼吸类型细菌在半固体培养基培养后的结果。专性好氧菌生长在培养基的上部,微好氧菌生长在比专性好氧菌略偏下的部位,专性厌氧菌生长在培养基的底部,耐氧性厌氧菌分布在整个培养基,兼性好氧菌虽分布于整个培养基,但上部比下部多。

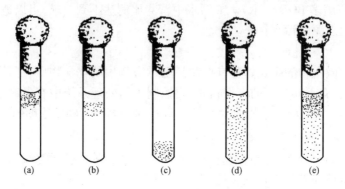

图1-2 五种呼吸类型细菌在半固体培养基中的生长状况
(a)专性好氧菌;(b)微好氧菌;(c)专性厌氧菌;
(d)耐氧性厌氧菌;(e)兼性好氧菌

(三)微生物按营养类型分类

微生物与环境之间不断进行物质和能量的交换,从环境中获得营养物质以合成细胞物质,提供微生物生命活动所需能量。

根据微生物能源需求的不同,微生物可分为光能型和化能型;根据微生物碳源需求的不同,微生物可分为自养型和异养型。所谓自养型,是指可以在完全无机的环境中生长的微生物,能把无机碳合成有机碳,碳源主要来自CO_2或碳酸盐。所谓异养型,是指生长不能离开有机物,碳源主要是有机物。

根据微生物对碳源和能源的不同需求,将微生物分为光能自养型、光能异养型、化能自养型、化能异养型四个营养类型。

(1)光能自养型。

光能自养型又称光能无机自养型。这类微生物以光为能源,以CO_2为唯一或主要碳源,能利用无机物(如水、硫化氢、硫代硫酸钠等)为供氢体,还原CO_2为细胞物质。此类型微生物的碳源是无机物,供氢体也一定是无机物,可以在完全无机的环境中生长。藻类、蓝细菌和光合细菌属于这一营养类型。

藻类和蓝细菌:与高等植物光合作用是一致的。

$$CO_2 + H_2O \xrightarrow[\text{叶绿素}]{\text{光能}} [CH_2O] + O_2\uparrow$$

光合细菌:如紫硫细菌和绿硫细菌,进行不产O_2的光合作用。

$$CO_2 + 2H_2S \xrightarrow[\text{光合色素}]{\text{光能}} [CH_2O] + H_2O + 2S$$

（2）光能异养型。

光能异养型又称光能有机异养型。这类微生物以光为能源，不能以 CO_2 作为唯一或主要碳源，以有机物作为供氢体，将 CO_2 还原为细胞物质。这种类型的微生物种类很少，红螺菌属、红假单胞菌属的细菌是这一营养类型的代表，能以异丙醇作为光合作用中的供氢体，还原 CO_2 合成细胞物质。

$$2(CH_3)_2CHOH + CO_2 \xrightarrow[\text{光合色素}]{\text{光能}} 2CH_3COCH_3 + [CH_2O] + H_2O$$

（3）化能自养型。

化能自养型又称化能无机自养型这类微生物利用无机物氧化放出的化学能作为生长所需的能量，以 CO_2 或碳酸盐为唯一或主要碳源，能在完全无机的环境中生长。硫化细菌、硝化细菌、氢细菌、铁细菌及产甲烷菌等属于这一类型。

不同化能自养菌所能氧化的能源物质（无机物）是不同的。硫化细菌以还原态的硫化物（如 H_2S、S、$S_2O_3^{2-}$ 等）为能源；硝化细菌以还原态的氮化物（如 NH_3、NH_4^+、NO_2^- 等）为能源；氢细菌以 H_2 为能源；铁细菌以 Fe^{2+} 为能源；产甲烷菌可以从氧化 H_2 产生甲烷的过程中获得能量。氢细菌、硝化细菌、产甲烷菌的相关反应关系如下：

氢细菌　　　　　　$2H_2 + O_2 \longrightarrow 2H_2O + 474.78kJ$

硝化细菌　　　　　$2NO_2^- + O_2 \longrightarrow 2NO_3^- + Q$

产甲烷菌　　　　　$4H_2 + CO_2 \longrightarrow CH_4 \uparrow + 2H_2O + Q$

（4）化能异养型。

化能异养型又称化能有机异养型这类微生物生长所需的能量来自有机物氧化过程放出的化学能，其生长所需要的碳源主要是一些有机化合物，如淀粉、纤维素、有机酸、蛋白质及它们的水解产物。因此含碳有机物既是碳源也是能源。化能异养型微生物是自然环境中有机污染物最重要的净化者，并为自养型生物提供营养物。

已知的绝大多数微生物（包括大多数细菌、全部的真菌、全部放线菌和全部原生动物）属于化能异养型。如果化能有机营养型微生物利用的是无生命的有机物，则为腐生；如果生活在活细胞内，从寄生体内获得营养物质，则为寄生。寄生和腐生之间存在着不同程度的既寄生又腐生的中间类型，称为兼性寄生或兼性腐生。

以上 4 种营养类型的划分不是绝对的，也存在着一些过渡类型。例如，光合细菌中的红螺菌在黑暗和有氧条件下，以有机物为能源和碳源，所以它兼有光能型和化能型的特征。又如氢细菌在完全无机环境中，通过氧化 H_2 获取能量，同化 CO_2 合成细胞物质，为化能自养型，而当环境中存在有机物时，便行化能异养生活，所以氢细菌是兼性自养菌。许多异养型微生物，也可以固定 CO_2，但其主要的碳源为有机物，不能以 CO_2 为唯一或主要碳源，不能在完全无机的环境中生活，它们的能源为有机物。

（四）活性污泥的培养与驯化

1. 活性污泥的培养

所谓活性污泥的培养，就是为微生物提供一定的生长繁殖条件，即营养物质、溶解氧、适宜温度、酸碱度等，经过一段时间就会有活性污泥形成，并且数量逐渐增长，最后达到处理污水所需的浓度。

1）菌种和培养液

（1）菌种。

除采用纯菌种作活性污泥的菌源外，活性污泥的菌种大多取自生活污水、粪便污水、城市污水或性质相似的工业污水处理厂的二次沉淀池的剩余污泥，也可取自污水排放口处的污泥。

（2）培养液。

培养液可取一定比例的营养物如淘米水、尿素或磷酸盐等组成。城市生活污水本身含有所需要的菌种和培养物，所以可直接用来培养污泥。

2）培养方法

生活污水的活性污泥培养过程较为简单。可在温暖季节，向曝气池中投加一些粪便或米泔水或下水道壁刮下的污泥，闷曝气数小时后可连续进水，进水量由小到大，并开动污泥回流设备，使曝气池和二次沉淀池接通循环，经 1～2d 曝气后，曝气池内就会出现模糊不清的絮凝体。为了补充营养、排除对微生物有害的代谢产物，要及时换水，并不断引入污水，替换原有的部分培养液经二次沉淀后排走。换水可间歇，也可连续。约 7～14d 后，即可进入驯化阶段。培养时期，活性污泥浓度较低，故应控制曝气量，使之低于正常运行时的曝气量。

由于工业污水的水质原因，培养活性污泥较为困难。对含有有毒物质的工业污水，可投入一定量的经筛选的菌种，或投入从污水流过的下水道里捞来的污泥，利于以后的驯化。

2. 活性污泥的驯化

驯化则是对混合微生物群进行淘汰和诱导，淘汰不能适应环境条件和不具处理污水特性的微生物，使能分解废水的微生物得到发展，并诱导出能利用污水中有机物的酶体系，使不能适应的微生物被逐渐淘汰。

驯化时，可在进水中逐渐增加特定工业废水的比例，或提高工业废水的浓度，使微生物逐渐适应新的生活条件，逐步达到对特定废水所要求的满负荷及很高的处理效率为止。开始驯化时每次可投加 10%～20% 的待处理污水，获得良好的处理效果后，再逐渐增加污水的比例，直至满负荷（即驯化成熟）为止。为了缩短培养驯化时间，可将培养、驯化两阶段合并起来进行。

任务二　观察活性污泥生物相

 学习内容

（1）正确使用普通光学显微镜；

（2）在普通光学显微镜下观察活性污泥中的生物相并描述；

（3）通过显微镜观察指示生物的种类和状态，初步判断活性污泥的运行情况；

（4）在显微镜下观察环境中微生物形态及特殊结构；

（5）环境中微生物的类型及其形态、结构特点。

工作内容

（1）观察活性污泥生物相；

（2）观察微生物标本片；

 工作准备

（1）准备仪器：普通光学显微镜、载玻片、盖玻片、玻璃吸管。

（2）准备微生物标本片：金黄色葡萄球菌染色玻片、芽孢杆菌玻片、细菌荚膜玻片、放线菌玻片、酵母菌玻片、霉菌玻片、微型藻类玻片、细菌鞭毛玻片。

（3）准备材料：取自污水处理厂曝气池的活性污泥混合液。

（4）准备试剂：香柏油、二甲苯。

任务实施

（一）活性污泥生物相观察

1. 压滴法制片

用玻璃吸管反复吹吸活性污泥混合液后，吸取活性污泥混合液1~2滴，滴于载玻片中央，将盖玻片轻轻盖上，避免气泡产生，制成水浸玻片。

2. 镜检

先用低倍镜，后用高倍镜观察。主要观察以下几方面：活性污泥絮凝体形态、结构，菌胶团形态、透光性、稠密度，丝状菌形态、数量，识别原生动物和微型后生动物种类。边观察，边填写活性污泥生物相观察结果表（表1-1）。

表1-1　活性污泥生物相观察结果表

观　察　项　目	观　察　结　果
活性污泥絮凝体结构①	
菌胶团形态	
菌胶团透光性	
丝状菌形态	
丝状菌数量②	
游离细菌数量③	
原生动物种类	
后生动物种类	

注：① 观察结果填开放的或封闭的；紧密或松散；
　　② 观察结果填很少或少或多或很多；
　　③ 观察结果填几乎不见或很少或多或很多。

3. 美兰单染色观察

取一滴活性污泥于清洁载玻片上，盖上盖玻片，然后在盖玻片一侧滴加一滴美兰染色液继续观察。

4. 评价

根据观察结果，对活性污泥的生物活性和污水处理厂曝气池运行情况作出初步评价。

（二）环境中微生物形态及特殊结构的观察

通过微生物标本片，逐一观察金黄色葡萄球菌、芽孢杆菌、细菌荚膜、放线菌、酵母菌、霉菌、微型藻类的形态特点,并进行描述。

📖 **操作要求**

这里所涉及的操作要求主要指普通光学显微镜的使用方法和步骤。

普通光学显微镜的构造如图1-3所示。

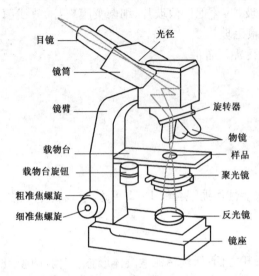

图1-3 普通光学显微镜的构造

（一）低倍镜的使用方法

1. 取镜和放置

显微镜平时存放在柜或箱中,用时从柜中取出,右手紧握镜臂,左手托住镜座,将显微镜放在自己左肩前方的实验台上,双目显微镜放在正前方。镜座距桌边 $1\sim2\text{in}(1\text{in}=0.0254\text{m})$ 为宜。

2. 调节光源

用拇指和中指移动旋转器(切忌手持物镜移动),使低倍镜对准镜台的通光孔(当转动听到碰叩声时,说明物镜光轴已对准镜筒中心)。打开光圈,上升聚光器,并将反光镜转向光源,以左眼在目镜上观察(两眼必须同时睁开),同时调节反光镜方向,直到视野内的光线均匀明亮为止。如为电光源,则调节光源调节器。视野亮度可通过扩大或缩小光圈、升降聚光器、旋转反光镜或调节光源调节器来调节,在后面的观察中,可根据物镜不同和观察物体的透光率不同而随时调节。

3. 放置玻片标本

取一玻片标本放在镜台上,一定使有盖玻片的一面朝上,切不可放反,用压片夹夹住,然后旋转推片器螺旋,将所要观察的部位调到通光孔的正中。

4. 调节焦距

显微镜观察须先用低倍镜观察,因为低倍镜视野较大,易于发现观察目标。使镜台缓慢地上升至物镜距标本片约5mm处。应注意在上升镜台时,切勿在目镜上观察,一定要从侧面看着镜台上升,以免造成镜头或标本片的损坏。然后,左眼在目镜上观察,同时缓慢转动粗准焦螺旋,使镜台缓慢下降,直到视野中出现清晰的物像为止。

如果物像不在视野中心,可调节推片器将其调到中心(注意移动玻片的方向与视野物像移动的方向是相反的)。如果视野内的亮度不合适,可通过升降聚光器的位置或开闭光圈的大小来调节。如果在调节焦距时,镜台下降而未见到物像,说明此次操作失败,则应重新操作,切不可心急而盲目地上升镜台。

（二）高倍镜的使用方法

（1）选好目标。一定要先在低倍镜下把需进一步观察的部位调到中心,同时把物象调节到最清晰的程度,以便进行高倍镜的观察。

（2）转动转换器,将高倍镜转至正下方。转换高倍镜时转动速度要慢,并从侧面进行观察,防止高倍镜头碰撞玻片,如高倍镜头碰到玻片,说明低倍镜的焦距没有调好,应重新操作。

（3）调节焦距。转换好高倍镜后，用左眼在目镜上观察，此时一般能见到一个不太清楚的物像，稍微调节细准焦螺旋，即可获得清晰的物像（切勿用粗准焦螺旋）。查找最适宜的观察部位，并移至视野中心。如果视野的亮度不合适，可调节集光器，调整光圈，使视野亮度适中。如果需要更换玻片标本时，必须转动粗准焦螺旋使镜台下降（切勿转错方向！），方可取下玻片标本。

（三）油镜的使用方法

（1）在使用油镜之前，必须先经低倍镜、高倍镜观察，然后将需进一步放大的部分移到视野的中心。

（2）将集光器上升到最高位置，光圈开到最大。

（3）转动转换器，使高倍镜头离开通光孔，在需观察部位的玻片上滴加一滴香柏油，然后慢慢转动油镜，在转换油镜时，从侧面水平注视镜头与玻片的距离，使镜头浸入油中而又不压及载玻片为宜。

（4）用左眼观察目镜，并慢慢转动细准焦螺旋至物象清晰为止。若油镜已离开油面仍未见到物像，在加油区内重找应按低倍→油镜程序，不得经高倍镜，以免油沾污镜头。如果目标不理想而需重找，在加油区之外重找应按低倍→高倍→油镜程序。

（5）油镜使用完毕，先用镜头纸将镜头上的香柏油擦去，再用镜头纸沾少许二甲苯（或乙醇与乙醚的1∶3混合液）擦镜头2～3次，然后再用镜头纸擦去二甲苯。

（四）复原

使用完毕后，必须复原才能放回镜箱内，其步骤是：取下标本片，转动旋转器使物镜摆成八字形，下降镜台至最低，垂直放反光镜，下降集光器（但不要接触反光镜），关闭光圈，推片器回位，盖上绸布和外罩，放回实验台柜内。填写使用登记表。

（五）显微镜使用的注意事项

（1）持镜时必须是右手握臂、左手托座的姿势，不可单手提取，以免零件脱落或碰撞到其他地方。

（2）轻拿轻放，不可把显微镜放置在实验台的边缘，以免碰翻落地。

（3）保持显微镜的清洁，光学和照明部分只能用擦镜纸擦拭，切忌口吹、手抹或用布擦，机械部分用布擦拭。

（4）水滴、酒精或其他药品切勿接触镜头和镜台，如果沾污应立即擦净。

（5）放置玻片标本时要对准通光孔中央，且不能反放玻片，防止压坏玻片或碰坏物镜。

（6）要养成两眼同时睁开的习惯，以左眼观察视野，右眼用以绘图。

（7）不要随意取下目镜，以防止尘土落入，也不要任意拆卸各种零件，以防损坏。

（8）在使用前一定先熟悉粗准焦螺旋旋转方向与载物台升降的关系，以免压坏玻片或损坏镜头。

（9）高倍镜、油镜的使用均要从低倍镜开始，否则不易观察到清晰物像。

相关知识

（一）细菌

1. 细菌的形态和大小

细菌的基本形态有球状、杆状、螺旋状和丝状，分别被称为球菌、杆菌、螺旋菌和丝状菌，如图1－4。

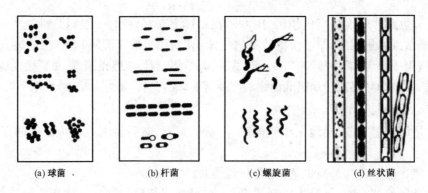

| (a) 球菌 | (b) 杆菌 | (c) 螺旋菌 | (d) 丝状菌 |

图 1-4　细菌的基本形态

1）球菌

球菌有多种形态。细胞分裂后独立存在的称为单球菌,两个联在一起的称为双球菌,像链条一样连在一起的称为链球菌,四个联在一起的称为四联球菌,八个叠在一起的称为八叠球菌,像一串葡萄联在一起的称为葡萄球菌。球菌的直径一般为 $0.2 \sim 2 \mu m$。

2）杆菌

杆菌也有多种形态。根据细胞分裂后是否相连,分为有单杆菌和链杆菌。单杆菌又分为长杆菌和短杆菌。能产芽孢的杆菌称为芽孢杆菌。在细菌的 3 种主要形态中,杆菌种类最多。杆菌一般长 $1 \sim 5 \mu m$,宽 $0.5 \sim 1.5 \mu m$。

3）螺旋菌

螺旋菌可按弯曲程度可分为两类。一类是弧菌,其弯曲度小于一周而呈"C"状,如脱硫弧菌;另一类是螺旋菌,弯曲度大于一周,如紫硫螺旋菌。螺旋菌的旋转圈数和螺距大小因种类而异。弧菌一般长 $1 \sim 5 \mu m$,宽 $0.2 \sim 0.5 \mu m$;螺旋菌一般长 $5 \sim 50 \mu m$,宽 $0.5 \sim 3 \mu m$。

4）丝状菌

在水生环境和污水生物处理系统中,常有一些细菌细胞排列成丝状,外被一胶质外鞘,称为丝状菌,如球衣菌（*Sphaerotilus*）、硫发菌（*Thiothrix*）、纤发菌（*Leptothrix*）、泉发菌（*Crenothrix*）、贝日阿托菌（*Beggiatoa*）等。

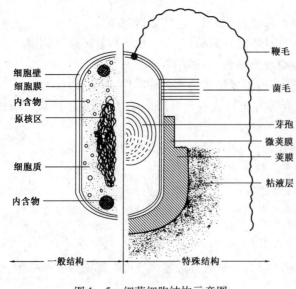

细胞壁
细胞膜
内含物
原核区

细胞质

内含物

一般结构　　特殊结构

鞭毛
菌毛
芽孢
微荚膜
荚膜
粘液层

图 1-5　细菌细胞结构示意图

细菌的大小和形态除随种类而不同外,同一种细菌的大小和形态还要受环境条件（如培养基成分、浓度、培养温度和时间等）的影响。

在适宜的生长条件下,细菌的形态较为稳定,因而适宜于进行形态特征的描述。但温度、培养时间、培养基成分或浓度、pH值等条件的改变,常出现衰老或畸形。

2. 细菌细胞的结构

细胞壁、细胞膜、细胞质和原核区等结构是细菌的基本结构,各种细菌都有;荚膜、芽孢、鞭毛等仅某些细菌具有,为其特殊结构。细菌的细胞结构如图1-5所示。

1)细胞壁

细胞壁是位于细胞体表最外层,内侧紧贴细胞膜的一层较为坚韧且略具弹性的细胞结构,约占干重的10%~25%。

细胞壁的主要功能包括:维持细菌的形态;保护原生质体免受渗透压引起的破裂作用;为多孔结构的分子筛,可以阻挡某些分子的进入;为鞭毛提供支点,使鞭毛运动。

2)细胞膜

细胞膜又称质膜或原生质膜,是紧贴在细胞壁内侧、包围着细胞质的一层柔软而富有弹性的半透性薄膜,厚约6~8nm,约占细菌体重的10%左右。细胞膜的化学成分主要是蛋白质(占60%~70%)和磷脂(占30%~40%)。

(1)细胞膜的结构。

细胞膜由磷脂双分子层和蛋白质组成。磷脂双分子的亲水基(头部)在膜的两侧,疏水基(尾部)排列在膜的内侧,蛋白质覆盖或镶嵌或贯穿在磷脂双分子层中。磷脂双分子层呈液态,蛋白质可在磷脂双分子层中移动,从而使膜结构具有流动性。细胞膜的结构见图1-6。

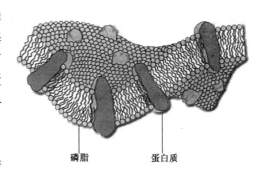

磷脂　　　　蛋白质

图1-6　细胞膜结构模式

(2)细胞膜的功能。

细胞膜的主要功能包括:维持细胞内正常渗透压,选择性地控制细胞内、外物质的出入;是合成细胞壁的场所;含有细胞色素和呼吸酶系,参与光合作用和产能代谢;有鞭毛基粒,是鞭毛基体的着生部位和鞭毛旋转的供能部位。

3)细胞质和内含物

细胞质是细胞质膜包围的除核区以外的半透明、胶状物质,含水量约80%。主要成分是水、蛋白质、核酸、脂类、多糖及无机盐。

细胞质内含有核糖体、气泡、贮藏物。

(1)核糖体。

核糖体是细胞质中的一种颗粒状物质,由核糖核酸RNA(60%)和蛋白质(40%)组成,常以游离状态或多聚核糖状态分布于细胞质中。它是蛋白质的合成场所。

(2)气泡。

许多光合营养型、无鞭毛运动的水生细菌中存在的充满气体的泡囊状内含物,内由数排柱形小空泡组成,外有2nm厚的蛋白质膜包裹。气泡具有调节细胞密度,使细胞漂浮在最适水层获取光能、O_2和营养物质的作用。紫色光合细菌和一些蓝细菌含有气泡,借助气泡调节浮到水面进行光合作用。

(3)贮藏物。

贮藏物即颗粒状内含物。贮藏物是一类由不同化学成分累积而成的不溶性颗粒。当细菌生长到成熟阶段,因营养过剩而形成。贮藏物的主要功能是贮存营养物。通常,一种菌含有一种或两种内含颗粒。当缺乏营养时,贮藏颗粒被分解利用。贮藏颗粒主要有异染粒、聚-β-羟丁酸、硫粒、肝糖粒和淀粉粒。

① 异染粒。异染粒是无机偏磷酸聚合物,一般在含磷丰富的环境形成,其功能是贮藏磷元素和能量(与生物脱磷有关)。

② 聚 - β - 羟丁酸。聚 - β - 羟丁酸是 β - 羟基丁酸的直链聚合物,为脂溶性物质,不溶于水,光学显微镜下清晰可见。聚 - β - 羟丁酸贮藏碳源和能量,当缺乏营养时,被用作碳源和能源。

③ 硫粒。一些硫化菌如贝日阿托菌、发硫菌等可以利用 H_2S 作为能源,氧化 H_2S 为硫粒积累在菌体内。当环境缺乏营养时,此类疏化菌的氧化体内硫粒为 SO_4^{2-},可从中获得能量。硫粒折光性强,光学显微镜下易见。

④ 肝糖粒和淀粉粒。肝糖粒和淀粉粒均可用碘染色,前者为红褐色,后者为蓝色,在光学显微镜下皆可见。二者功能是贮藏碳源和能源。

4)原核区

原核生物没有核膜和核仁,为无固定形态、分散的原始细胞核,又称核质体或拟核。它由 DNA 高度折叠组成。核物质携带着细菌的遗传信息,决定细菌的遗传性状。

5)荚膜

在某些细菌细胞壁外存在着一层厚度不定的粘液层,称为荚膜。根据其厚度和强度的不同,有不同的名称,分别是微荚膜、荚膜或粘液层。当粘液层具有一定强度、厚度和形状时则称为荚膜。有的细菌(例如动胶菌属的菌种)的荚膜粘附在一起,形成大形粘胶物,其中包含多个菌体称为菌胶团。菌胶团使细菌免受原生动物的吞噬,具有较强的抵抗不良环境的能力。菌胶团形状有球形、椭圆形、蘑菇形、垂丝状、分枝状及不规则状,见图 1 - 7(a)。

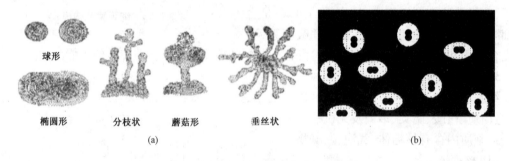

图 1 - 7　菌胶团形状分类及细菌荚膜示意图

荚膜的含水率为 90% ~98%其它成分为多糖、多肽或蛋白质,尤以多糖居多。荚膜不易着色,可用负染色法(也称衬托法)染色,即先用染料使菌体着色,然后用黑色染料将背景涂黑,在背景与菌体之间的透明区,就是荚膜,在光学显微镜下清晰可见,见图 1 - 7(b)。

荚膜的功能主要有:保护细菌免受干旱影响;贮藏养料,当缺乏营养时,可作为碳源和能源,有的可作氮源;具有生物吸附作用,在污水生物处理中可将水中的有机物吸附到菌体上;对一些致病菌,可免受寄主细胞的吞噬。

6)芽孢

某些细菌在其生长发育后期,可在细胞内形成壁厚、质浓、折光性强的圆形或椭圆形的抗逆性极强的休眠体,称为芽孢,在光学显微镜下易见。在适宜的条件下可以重新转变成为营养态细胞。由于每一细胞仅形成 1 个芽孢,故它无繁殖功能。

芽孢有极强的抗热、抗干燥、抗辐射、抗化学药物和抗静水压等能力。芽孢的抗紫外线能力,要比其营养的细胞强约 1 倍。是否能消灭芽孢是衡量灭菌手段最重要指标。

芽孢的休眠能力十分惊人。在休眠期间,无任何代谢活力。一般的芽孢在普通条件下可保存几年至几十年的活力,而从德国的一个植物标本上分离出了保存200~300年的枯草芽孢杆菌(*Bacillus subtilis*)。

能产生芽孢的细菌种类不多,产芽孢的细菌多为杆菌,包括有好氧的芽孢杆菌(*Bacillus*)和厌氧的梭状芽孢杆菌(*Clostridium*)。球菌中只有极个别的属(芽孢八叠球菌属)才形成芽孢。在典型的螺旋菌中,至今还未发现产芽孢的菌。芽孢的有无、形态、大小和着生位置(图1-8)是细菌分类和鉴定中的重要指标。

图1-8 细菌芽孢的类型

7)鞭毛

某些细菌长在体表的细长的呈波状弯曲的丝状物,称为鞭毛,数目为一条至数十条,具有运动功能。鞭毛非常纤细,直径为10~20nm,长短不一,长度往往超过菌体若干倍,可用电子显微镜去观察。在光学显微镜下,经过染料加粗的鞭毛也可清楚地观察到。

不同细菌鞭毛的着生方式不同,见图1-9。鞭毛的数目和着生方式是细菌分类的重要依据。

(二)放线菌

放线菌是介于细菌与丝状真菌之间的、单细胞的具有分枝的丝状原核微生物。菌丝无横隔膜,其直径与细菌接近,在0.5~1.0μm之间。根据菌丝形态和功能,放线菌菌丝分为三类。

(1)营养菌丝。营养菌丝又称基内菌丝,从培养基内摄取营养。

(2)气生菌丝。当基内菌丝长至一定程度,向培养基上方生长出伸向空中的菌丝为气生菌丝。

(3)孢子丝。气生菌丝发育到一定的阶段,在其上部分化出能形成孢子的孢子丝。孢子丝的形状和着生方式因种而异(图1-10)。孢子丝的形状有直形、波浪形、螺旋形,着生方式有对生、互生、丛生、轮生等多种。

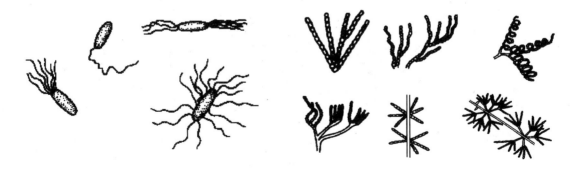

图1-9 细菌鞭毛的着生方式   图1-10 放线菌孢子丝形态和着生方式

孢子丝生长到一定阶段就形成孢子。孢子有圆形的、椭圆形的、杆状或柱状的,孢子也是放线菌分类的一个重要依据。大多数放线菌的孢子表面是光滑的,有些菌孢子表面还有一些装饰物,比如鳞片、疣状、刺状或者毛发状的东西,而颜色有红色、蓝色、黄色、白色、灰色等。

放线菌最喜欢生活在有机质丰富的微碱性土壤中,泥土所特有的"泥腥味"就是由放线菌产生的。放线菌绝大多数是好氧腐生型,能将动植物的尸体腐烂、"吃"光,然后转化成有利于植物生长的营养物质。有的放线菌能固氮,如弗兰克氏菌生长在许多豆科植物的根瘤里,能固定大气中的氮,成为植物能利用的氮肥。

放线菌能产生大量的、种类繁多的抗生素,目前已经发现的 2000 多种抗生素中,约有 60% 是由放线菌产生的。例如链霉菌属(*Streptomyces*)产生链霉素、土霉素、卡那霉素、博莱霉素、制霉菌素、井冈霉素等。诺卡氏菌属(*Nocardia*)的某些种可产生利福霉素、间型霉素、蚁霉素等。小单胞菌属(*Micromonospora*)的一些种产生庆大霉素、利福霉素等。

有的放线菌可用于生产维生素、酶制剂。例如,利用放线菌还可以生产维生素 B_{12}、β - 胡萝卜素等维生素,还可生产蛋白酶、溶菌酶。诺卡菌属的很多种能利用碳氢化合物,可用于石油脱蜡,烃类、氰化物的降解,在石油工业和污水处理等方面有重要作用。

(三)鞘细菌

鞘细菌是多个细菌共处于一个共同的鞘内,细胞呈直线排列,整体呈丝状。丝状体不分枝或假分枝。鞘细菌为好氧菌,营养类型各异,以化能异养为主,也有化能自养、兼性化能自养类型。

鞘细菌主要分布在含污染物的河流、池塘、活性污泥等含有机质丰富的流动淡水中。在被污染的河流岩石上所见到的丝状粘液物就含鞘细菌形成的丝状体。在污水处理厂,鞘细菌大量生长常常引起污泥膨胀,造成活性污泥沉降困难。球衣菌是活性污泥中常见的丝状菌。

在实际应用中把鞘细菌分为能积累氧化铁或氢氧化铁的铁细菌、能氧化硫化物的硫细菌和普通鞘细菌。如球衣菌(*Sphaerotilus*)、纤发菌(*Leptothrix*)、泉发菌(*Crenothrix*)能在鞘内外积累氢氧化铁或氧化铁,为铁细菌,代表菌种有赭色纤发菌(*Lepothrixochracea*)、多孢泉发菌(*Crenothrix*)和浮游球衣菌(*Sphaerotilusnatans*)。属于鞘细菌的丝状硫细菌有硫发菌(*Thiothrix*)、贝氏细菌(*Beggiatoa*),在细胞内聚积大量硫粒。普通鞘细菌如显核细菌(*Caryophanon*)(图 1 - 11)。

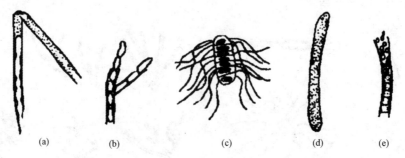

图 1 - 11 鞘细菌

(a)浮游球衣菌,鞘内串生细胞;(b)赭色纤发菌,示假分枝,鞘内生串生细胞;(c)显核菌属,鞘内生浅皿型细胞与周生鞭毛;(d)贝氏细菌属,细胞横隔不清,内有大量硫粒;(e)多孢泉发菌,鞘内串生长方形细胞与分生孢子

（四）蓝细菌

蓝细菌含有叶绿素，能进行产氧型光合作用，过去曾将其归于藻类，称其为蓝绿藻或蓝藻。但蓝细菌细胞结构简单，不具有核仁和核膜，含有叶绿素但不具有叶绿体，且细胞壁结构与细菌相似，故将其列入原核微生物，称为蓝细菌。

1. 蓝细菌的主要特征

（1）形态简单，单细胞，个体或群体生活。

（2）无鞭毛，但能在固体表面滑行，进行光趋避运动。

（3）细胞质中含有色素，通常呈蓝绿色或淡紫蓝色，光合作用产氧。

（4）许多蓝细菌有异形胞，具有固氮能力，已知有120多种蓝细菌有固氮作用。

（5）许多种类细胞质中有气泡，使菌体保持在光线最充足的地方，利于光合作用。

（6）蓝细菌对生长条件和营养要求简单，只要有空气、阳光、水分和少量无机盐，就能生长，所以蓝细菌分布极广泛，从海洋到高山，从热带到两极，从贫瘠的土壤到荒漠的岩石及植物体表，均有蓝细菌的踪影。蓝细菌因其分布广泛，被誉为"先锋生物"。

2. 蓝细菌的常见属

蓝细菌常见属有微囊藻属（*Microcystis*）、鱼腥藻属（*Anabaena*）、颤藻属（*Oscillatoria*）、束丝藻属（*Aphanizomenon*）、平裂藻属（*Merismopedia*），见图1-12。微囊藻、鱼腥藻、束丝藻、颤藻喜欢生活在有机质丰富的水体中，如铜绿微囊藻（*Microcystis aeruginosa*）在夏秋雨季大量繁殖，使淡水湖泊发生水华。因此，蓝细菌是水体富营养化的指示生物。蓝细菌中有些种具有很高的营养价值，如螺旋藻富含蛋白质和维生素，具有提高免疫力的作用，被称为人类的未来食品。

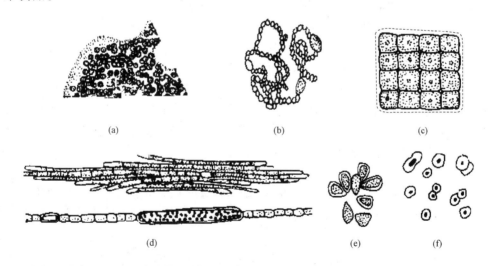

图1-12 蓝细菌常见属

（a）铜绿微囊藻；（b）鱼腥蓝细菌；（c）中华平裂藻；（d）水花束丝藻；（e）皮果蓝细菌；（f）集胞蓝细菌

（五）真菌

真菌是一类低等真核生物，属于低等植物。真菌包括酵母菌、霉菌和伞菌。真菌类微生物有以下主要特征：

（1）真核，单细胞或简单多细胞，除酵母菌为单细胞外，一般具有发达的菌丝体，且菌丝内有多个细胞核。

（2）比细菌大，大多是有分枝菌丝的霉菌（有横隔膜或无横隔膜），少数是不形成菌丝的单细胞酵母菌。

（3）不含叶绿素，不能进行光合作用，营养类型为化能异养，即通过细胞表面自周围环境中吸收可溶性营养物质，不同于植物（光合作用）和动物（吞噬作用）。好氧呼吸或发酵。

（4）大多数真菌喜酸性环境，适宜的 pH 值范围为 4.5 ~ 6.5。

1. 霉菌

形成菌丝的真菌通称霉菌。霉菌生长在可利用的底物上，形成绒毛状、蜘蛛网状或絮状的菌丝体，引起食物、木材及其他有机材料霉变，因而得名。

1）霉菌的形态

霉菌的菌丝直径在 2 ~ 10μm 之间，是放线菌菌丝的几倍到几十倍。

根据菌丝有无横隔膜，霉菌的菌丝分为两类，图 1 - 13。一类菌丝中无横隔，整个菌丝体就是一个单细胞，含多个细胞核。毛霉、根霉、犁头霉等属于此种形式。另一类菌丝有横隔，每一段就是一个细胞，整个菌丝体是由多个细胞构成，横隔中央留有极细的小孔，使细胞质和养料互相沟通，如青霉和曲霉。

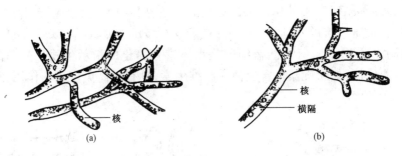

图 1 - 13　霉菌的菌丝
(a)菌丝无横隔；(b)菌丝有横隔

根据菌丝的分化程度，霉菌的菌丝分为营养菌丝和气生菌丝。生长在营养基内，吸收营养物质的菌丝，称为营养菌丝或基内菌丝；伸展到空气中，顶端可形成孢子的菌丝，称为气生菌丝或繁殖菌丝。真菌孢子的耐热性远不如细菌的芽孢。

2）霉菌的代表属

霉菌的代表属有毛霉属（*Mucor*）、根霉属（*Rhizopus*）、青霉属（*Achlya*）、曲霉属（*Aspergillus*）、木霉属（*Trichoderma*）、镰刀霉属（*Fusarium*）等，其主要特征见表 1 - 2，形态见图 1 - 14。

表 1 - 2　霉菌代表属的主要特征比较

代表属	主要特征	主要作用
毛霉属	菌丝发达繁密，白色无横隔；孢囊梗由菌丝体生出，顶端有球形孢子囊，一般单生，少分枝或不分枝	分解蛋白质和淀粉能力强，是制作腐乳、豆豉的重要菌种，还可生产有机酸
根霉属	菌丝发达，无横隔；具假根和匍匐菌丝，在假根着生出向上长出直立的孢子梗	分解淀粉能力强，用根霉和酵母菌混合作酒曲，还可生产有机酸

代表属	主要特征	主要作用
青霉属	菌丝有横隔,具分子孢子梗及扫帚状分生孢子头	生产青霉素、有机酸和酶制剂
曲霉属	菌丝有横隔,具足细胞、分生孢子梗及膨大顶囊	生产有机酸及酶制剂;有些曲霉能产生致癌物黄曲霉毒素
木霉属	菌丝有横隔,多分枝,分生孢子梗对生或互生多级分枝,顶端有瓶状小梗	分解纤维素和木质素能力强,生产纤维素酶、核黄素和抗生素
镰刀霉属	菌丝有横隔,分枝,分生孢子梗分枝或不分枝,分生孢子有镰刀形	降解氰化物能力强,可用于处理含氰废水;可生产酶制剂;有的可产生毒素

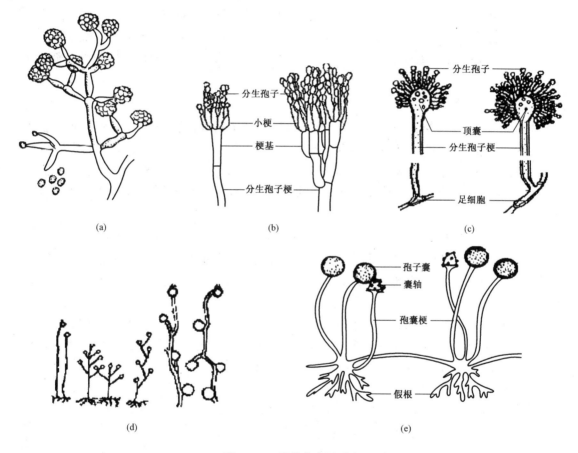

图 1-14 霉菌代表属形态
(a)木霉;(b)青霉;(c)曲霉;(d)毛霉;(e)根霉

2. 酵母菌

酵母菌是单细胞的不形成菌丝的真菌。它们主要分布在含糖较高的偏酸性环境中,在水果和蔬菜表面、果园的土壤中都存在酵母菌,油田和炼油厂附近的土层中往往生长着能利用烃类的酵母菌。

酵母菌细胞呈椭圆形、圆形或圆柱形,单核、仅繁殖期多核。酵母菌细胞宽为 $1 \sim 5\mu m$,长为 $5 \sim 30\mu m$。有些酵母菌在繁殖期,子细胞与母细胞并不立即分离,互相连接形成链状,称为

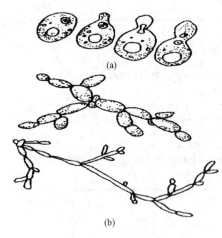

图 1 – 15　酵母菌的出芽生殖和假菌丝
(a)出芽生殖;(b)假菌丝

假菌丝,酵母菌的出芽生殖与假菌丝见图 1 – 15。

酵母菌的用途很多,在食品加工方面可以制造酒类和食物;在医药方面可生产维生素 B、酶制剂、核酸等;在废水处理方面如拟酵母、热带假丝酵母、阴沟假丝酵母、白色假丝酵母等,在处理含淀粉废水、含酚类废水、石油工业污水中,起着重要作用。

真菌是分解有机物质非常活跃的微生物,是形成土壤腐殖质的重要微生物,能降解纤维素、半纤维素、木质素、单宁等物质。在废水好氧处理系统中,真菌是最有效降解芳香族化合物的微生物,在活性污泥和好氧生物膜工艺中有真菌存在。

(六)微型藻类

微型藻类是一类能进行光合作用的真核低等植物。微型藻类种类繁多,形态各异。

1. 微型藻类的一般特征

单细胞或多细胞。绝大多数个体微小,需借助显微镜观察,结构简单,无根茎叶的分化。具有光合色素体,含叶绿素、类胡萝卜素等光合色素,光能自养,产生氧气。主要生活在水中,也有少数陆生。有的可借助鞭毛运动,又能进行光合作用,称为植物性鞭毛虫。最适 pH 值是 6 ~ 8(生长 pH 值范围为 4 ~ 10),多为中温性的,极端的能在 85℃ 温泉或长年不化的冰上生长。

2. 微型藻类的常见类群

根据藻类细胞中所含光合色素的种类、形态结构、生殖方式等差异可将藻类分为 10 个门,自然水体和污水生物处理系统中常见的有绿藻门、裸藻门、金藻门、甲藻门、硅藻门、隐藻门。

1)绿藻

绿藻形态多样,有单细胞体,群体和丝状体。运动的个体多具 2 ~ 4 根顶生、等长的鞭毛。绿藻的藻体呈草绿色。绝大多数绿藻是淡水生浮游生物,广泛分布在各类水体中,还有一些生长在潮湿土壤表面,有的可在岩石上成扇形生长。常见种类见图 1 – 16。

2)裸藻

裸藻是低级的藻,包括许多介于原生动物和藻类之间的种。裸藻为单细胞,无细胞壁,故名裸藻。但其表面有由原生质特化形成的表质膜,有的表质膜柔软,细胞可变形;有的表质膜较硬,细胞不变形。

细胞椭圆形、卵形、纺锤形或长带形,末端常尖细。裸藻大多能运动,通常具 1 ~ 3 条鞭毛。裸藻的藻体多呈鲜绿色,少红色或无色。裸藻多为自养,无色种类为异养,可吞食有机颗粒物或由体表吸收溶解性有机物。裸藻的细胞前端有胞口,下依次连胞咽、贮蓄泡,周围为伸缩泡,红色眼点一个。

裸藻广泛分布在有机质丰富的淡水水体沿岸及潮湿土壤中,是水体污染的指示生物,大量繁殖可形成水华。裸藻在氧化塘水体自净过程初期作用较大。常见种类见图 1 – 17。

3)金藻

金藻形态多样,藻体为单细胞体、群体或分枝丝状体;大多数种类具有 1 ~ 2 条鞭毛,等长

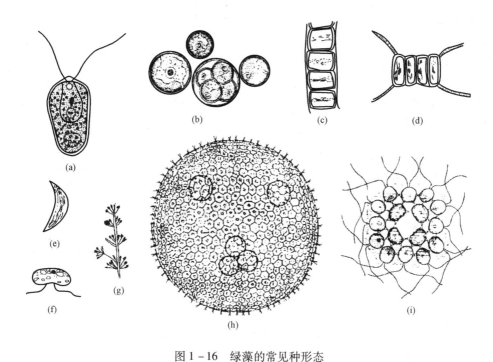

图 1 - 16　绿藻的常见种形态

(a)衣藻;(b)小球藻;(c)丝绿藻;(d)栅裂绿藻;(e)新月绿藻;(f)肾形绿藻;(g)丽藻;(h)美丽团藻;(i)盘藻

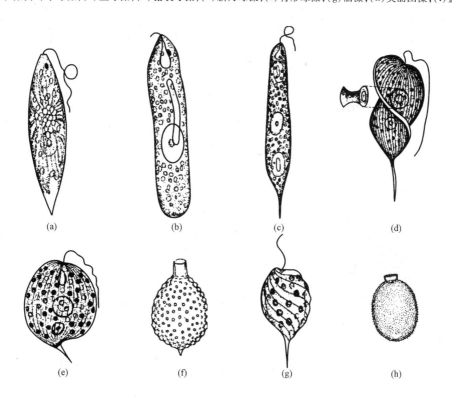

图 1 - 17　裸藻的常见种形态

(a)绿色裸藻;(b)带形裸藻;(c)尖尾裸藻;(d)扭曲扁裸藻;

(e)宽扁裸藻;(f)珍珠囊裸藻;(g)梨形扁裸藻;(h)芒刺囊裸藻

或不等长;细胞壁有或无,有的具囊壳或覆盖硅质化的鳞片、刺等。金藻的藻体呈黄绿色或金棕色。

　　金藻多生长在透明度较高的洁净淡水水体中,海水和陆地也有生长,浮游或固着生活。早春和晚秋水温较低季节数量较多。金藻对环境变化敏感,因此有些种类常被作为较洁净水体的指示生物。金藻的代表属有鱼鳞藻属(*Mallomonas*)、黄群藻属(*Synun*)、钟罩藻属(*Dinobryon*),常见种类见图1-18。

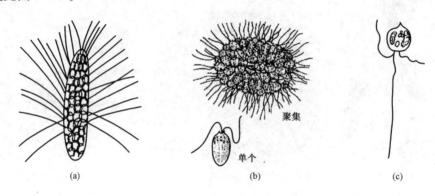

图1-18　金藻的常见种形态
(a)鱼鳞藻;(b)黄群藻;(c)金色金藻

　　4)甲藻

　　甲藻绝大多数为单细胞,细胞呈卵形、球形、三角形。甲藻具背腹之分,有2条不等长鞭毛。甲藻多具有细胞壁,许多种类的细胞壁外有壳,壳分上壳、下壳,上下壳之间有一横沟,下壳腹面有一纵沟。甲藻的藻体多呈棕黄色、黄绿色、褐色、红色,少数种类无色。

　　甲藻主要生活在海洋中,暖海中较多,在淡水中较少。甲藻在春、秋生长旺盛,是海洋动物如贝类等的饵料。在暖海岸地区,当水中氮磷含量高时,甲藻爆发式的增长繁殖,常形成赤潮,使海水呈现红色、黄色、棕色。有的甲藻会产生毒素,对鱼、虾、贝类危害较大。此外,甲藻毒素通过鱼、虾、蚬、牡蛎等动物富集,对人类也产生危害。甲藻的代表属有多甲藻属(*Peridinium*)、角甲藻属(*Ceratium*)和裸甲藻属(*Cymnodinium*),常见种类见图1-19。

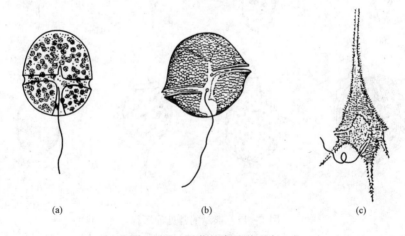

图1-19　甲藻的常见种形态
(a)裸甲藻;(b)多甲藻;(c)角甲藻

5）硅藻

硅藻形态多样，有单细胞体、群体或丝状体。硅藻的细胞壁硅质化，称为壳，形体像小盒，由上壳和下壳组成。硅藻的上下壳套合的地方，环绕一周，称环带，上壳面和下壳面上花纹的排列方式是分类的依据。硅藻的藻体多呈黄绿色或黄褐色。

硅藻广泛分布于各类水体中，春、秋生长旺盛，是水生动物的食料，有些种大量繁殖引起海洋发生赤潮。硅藻的代表属有小环藻属（*Cyclotella*）、直链藻属（*Melosira*）、舟形藻属（*Navicula*）、羽纹藻属（*Pinnularia*）等，常见种类见图 1-20。

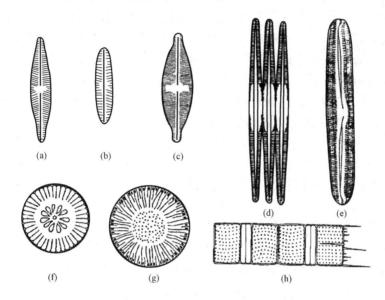

图 1-20　硅藻的常见种形态

（a）隐头舟形藻；（b）系带舟形藻；（c）双头辐节藻；（d）克洛脆杆藻；
（e）大羽纹藻；（f）具星小环藻；（g）扭曲小环藻；（h）颗粒直链藻

6）隐藻

隐藻为单细胞，其细胞形状有卵形、卵圆形、豆形，有明显的背腹之分，背侧凸出，腹侧平直或略凹。细胞前端宽，在腹侧有一纵沟。鞭毛两条，略不等长。隐藻的藻体呈黄绿色或黄褐色。

隐藻主要分布在淡水水体中，尤其是有机质丰富的浅水区，易形成水华。隐藻是鱼、贝类水生动物的食料，并可作水体污染的指示生物。隐藻常见的代表属有隐藻属（*Cryptomonas*）、蓝隐藻属（*Chroomonas*）、蓝胞藻属（*Cyanomonas*）等，见图 1-21。

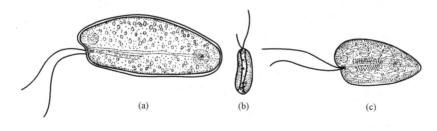

图 1-21　隐藻的常见种形态

（a）卵形隐藻；（b）长形蓝隐藻；（c）啮蚀隐藻

3. 微型藻类的作用

微型藻类有以下几个方面的作用。

1）自然界有机物和氧气的重要来源

据估算，自然界中生物光合作用制造的有机物中，约有一半是由藻类、蓝细菌、光合细菌等微生物产生的。藻类是水生生态系统中重要的初级生产者，是水生动物的食料，同时其释放的氧气是自然界氧气的重要来源。

2）监测水体环境质量

环境质量的变化会使水体中一些藻类的种类及数量发生变化，人们利用这种变化来判断水质是否受到污染及受到污染的程度。例如，利用藻类监测和评价有以下应用。

（1）利用水中藻类的种类变化判断水质状况。

清洁水体：有鱼鳞藻、簇生竹枝藻和时状针杆藻等。

中等污染水体：有被甲栅藻、四角盘星藻、短荆盘星藻、纤维藻、角星鼓藻和角甲藻等。

严重污染水体：有绿色裸藻、静裸藻、囊裸藻、素衣藻。

（2）利用藻类各类群在群落中所占比例评价水质状况。

藻类各类群在群落中所占比例也往往作为污染的指标。如果绿藻和蓝藻数量多，甲藻、黄藻和金藻数量少，往往是污染的象征；如果绿藻和蓝藻数量下降，甲藻、黄藻和金藻数量增加，则反映水质的好转。

（3）利用藻类总污染指数判断水质污染程度。

Palmer(1969)对能耐受污染的20属藻类(表1-3)，分别给与不同的污染指数值，根据水样中出现的藻类种类，计算总污染指数，由总污染指数判断水质污染程度。即

$$总污染指数 = 水样中出现的藻类的污染指数值之和$$

总污染指数大于20，为重污染，且数值越大，污染程度越大；总污染指数在15～20之间，为中污染；总污染指数小于15，为轻污染，且数值越小，污染程度越小。

表1-3 藻类污染指数值

序号	藻类属名	污染指数值	序号	藻类属名	污染指数值
1	组囊藻	1	11	微芒藻	1
2	纤维藻	2	12	舟形藻	3
3	衣藻	4	13	菱形藻	3
4	小球藻	3	14	颤藻	5
5	新月藻	1	15	实球藻	1
6	小环藻	1	16	席藻	1
7	裸藻	5	17	扁裸藻	2
8	异极藻	1	18	栅藻	4
9	鳞孔藻	1	19	毛枝藻	2
10	直链藻	1	20	针杆藻	2

3）具有净化作用

（1）有些藻类具有吸收和积累有害物质的能力，有害物质被藻体降解而去除。

（2）在水体中进行光合作用，放出氧气，促进好氧细菌对水中有机污染物的降解作用。

4)有害作用

水体中营养物质的过多,会引起水体中藻类的过度繁殖,造成水体富营养化,湖泊发生水华,海洋发生赤潮,导致水体缺氧,水质恶化变臭,鱼虾死亡。此外,有的藻类(如甲藻)还能产生毒素,对鱼、虾、贝类危害较大,并且甲藻毒素通过鱼、虾、蚝、牡蛎等动物富集,对人类也产生危害,严重的可导致死亡。

(七)原生动物

1. 原生动物的一般特征

原生动物是动物界中最原始、结构最简单的真核动物,多不行光合作用,具有运动和捕食能力,被称为"××虫"。原生动物是单细胞生物,没有细胞壁,大小在 $10 \sim 300 \mu m$ 之间,需在光学显微镜下才能看见,归入微生物范畴。原生动物的形态各异,有球形、钟形、喇叭形、鞋底形,有的没有固定形状。

原生动物虽然只有一个细胞,但在生理上却是一个完整的有机体,其细胞内各部分有不同的分工,形成机能不同的胞器,行使营养、呼吸、排泄、生殖等机能。例如,胞口、胞咽、食物泡是消化胞器;收集管、伸缩泡、胞肛是排泄胞器;伪足、鞭毛和纤毛是运动胞器;眼点是感觉胞器等。有的胞器具有多种功能,如鞭毛、纤毛、伪足不仅具有运动功能,还有摄食功能。

原生动物大多数为异养,其摄取营养的方式包括渗透型营养和吞噬型营养两大类。渗透型营养是指与细菌和真菌一样,依靠体表吸收可溶性的有机物而生活,所有的原生动物都能进行这一过程;吞噬型营养指以吞食有机颗粒或游离细菌、真菌、微型藻类而获得营养,绝大多数原生动物为此类。少数原生动物含有光合色素,能进行光合作用,可自养生活,同时还能进行动物性营养,这些原生动物称为植物性鞭毛虫,如衣滴虫(*Monas*)、眼虫(*Euglena*)、袋鞭虫(*Peranema*)。

在不利的环境条件下,如水干枯、水温和 pH 过高或过低、溶解氧不足、缺乏食物、环境中有机物浓度过高等等,原生动物会形成胞囊。胞囊是原生动物抵抗不良环境的休眠体。在废水处理系统中,一旦发现原生动物的胞囊,就可判断系统运行不正常。

2. 原生动物的主要类群

原生动物种类繁多,根据运动胞器和摄食方式不同,把存在于水体中的原生动物分为四大类:鞭毛虫类、肉足虫类、纤毛虫类和吸管虫类。它们在污水生物处理中起着重要作用。

1)鞭毛虫类

鞭毛虫类有一根或多根鞭毛,作为运动胞器。个体自由生活或群体生活。在自然水体中,鞭毛虫多在多污带或 α – 中污带生活(污化系统根据水质将污染水体划分为不同的污染带,即多污带、α – 中污带、β – 中污带及寡污带,污染程度由于自净过程而逐渐减轻)。在污水生物处理系统中,活性污泥培养初期或处理效果差时鞭毛虫大量出现,可作为污水处理的指示生物。废水生物处理常见的有波豆虫(*Bodo*)、三角鞭毛虫(*Trigonomonas*)。

根据鞭毛虫有无色素体,可将鞭毛虫分为植物性鞭毛虫和动物性鞭毛虫两类:植物性鞭毛虫有光合色素,裸藻、金藻中有此类型;动物性鞭毛虫不含光合色素,常见有波豆虫、滴虫(*Oikomonas*)、袋鞭虫(*Peranema*)、异鞭虫(*Anisonema*)等,见图 1 – 22。

2)肉足虫类

肉足虫类具有伪足作为摄食和运动的胞器。肉足虫类无色透明,大多数没有固定形态。在自然水体中,肉足虫喜欢在有机质较丰富的 α – 中污带或 β – 中污带的自然水体中生活。在

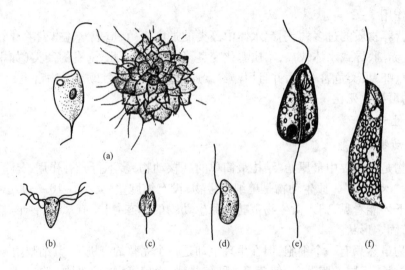

图1-22　鞭毛虫常见代表属

(a)屋滴虫；(b)三角鞭毛虫；(c)内管虫；(d)波豆虫(e)异鞭虫(f)袋鞭虫

污水生物处理系统中，在活性污泥培养中期出现。污水处理中常见的代表类群有变形虫（*Amoeba*）、太阳虫（*Actinophys*）和各种壳虫，见图1-23。

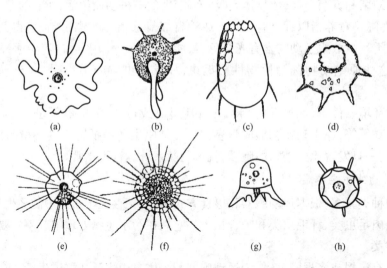

图1-23　活性污泥中常见的肉足虫

(a)变形虫；(b)匣壳虫；(c)鳞壳虫；(d)砂壳虫；(e)太阳虫；(f)光球虫；(g)螺足虫；(h)表壳虫

3)纤毛虫类

纤毛虫类以纤毛作为运动和摄食的胞器，周身或部分表面具有纤毛，喜吃游离细菌及有机颗粒，与废水生物处理的关系最为密切，是污水处理系统中最为常见的指示生物。纤毛虫是原生动物中构造最复杂的，不仅有比较明显的胞口，还有口围、口前庭和胞咽等司吞食和消化的胞器。根据运动和营养方式可分为游泳型、匍匐型、固着型3类。

(1)游泳型纤毛虫。

游泳型纤毛虫借助虫体周围长有的纤毛而自由游动。在自然水体中，游泳型纤毛虫多数在α-中污带或β-中污带生活出现，少数在寡污带中。污水好氧生物处理中常见的游泳型纤毛虫有草履虫（*Paramecium*）、豆形虫（*Colpidium*）、肾形虫（*Colpoda*）、漫游虫（*Lionotus*）、裂口虫

（*Amphileptus*）、斜管虫（*Chilnlodonella*）、楯纤虫（*Aspidisca*）、棘尾虫（*Stylonichia*）等，在活性污泥培养中期或在处理效果较差时出现，见图1-24。

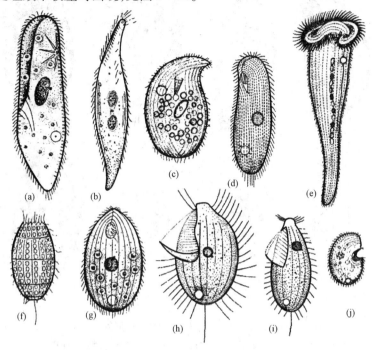

图1-24　活性污泥中常见的游泳型纤毛虫
(a)草履虫；(b)漫游虫；(c)斜管虫；(d)弯豆形虫；(e)天蓝喇叭虫；(f)毛板壳虫；
(g)梨形四膜虫；(h)银灰膜袋虫；(i)长圆膜袋虫；(j)僧帽肾形虫

（2）匍匐型纤毛虫。

匍匐型纤毛虫的纤毛融合为棘毛，又称触毛，排列于虫体腹面。棘毛支撑虫体、使虫体爬行或游动。污水生物处理中，常见的匍匐型纤毛虫代表属有楯纤虫（*Aspidisca*）、尖毛虫（*Qxytricha*）、棘尾虫（*Stylonychia*）、游仆虫（*Euplotes*）等，见图1-25。

（3）固着型纤毛虫。

固着型纤毛虫个体自由生活或群体生活，有尾柄，固着在其他物体上生活。虫体前端具有纤毛带，具有摄食功能。在污水生物处理系统中常见的固着型纤毛虫有钟虫（*Vorticella*）、累枝虫（*Epistylis*）、独缩虫（*Carchesium*）、聚缩虫（*Zoothamnium*）、盖纤虫（*Opercularia*）等，见图1-26。

钟虫是最常见的固着型纤毛虫，个体生活；独缩虫、聚缩虫、累枝虫、盖纤虫均以群体方式生活，个体尾柄相连，不容易区分。独缩虫、聚缩虫的个体与钟虫相似，每个虫体的尾柄内都有肌丝，肌丝收缩，虫体随之收缩，但独缩虫的肌丝在尾柄中不相连，虫体能单独收缩；而聚缩虫的肌丝在尾柄中相连，聚集在一起的虫体同时收缩；累枝虫、盖纤虫尾柄中无肌丝，不能收缩，二者不同的是盖纤虫的纤毛带形成盖形物，有小柄并能收缩。

固着型纤毛虫（如钟虫）喜欢在寡污带中生活，它是水体自净程度高、污水处理效果好的指示生物。

4）吸管虫类

吸管虫类幼体有纤毛，成虫纤毛消失，长出长短不一的吸管，呈放射状排列，并与细胞质相

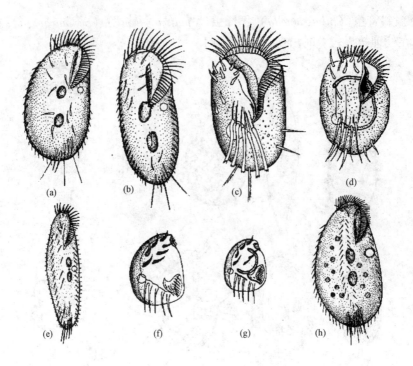

图 1 - 25　活性污泥中常见的匍匐型纤毛虫

(a)弯棘尾虫;(b)背状棘尾虫;(c)阔口游仆虫;(d)盘状游仆虫;

(e)膜状急纤虫;(f)凹缝楯纤虫;(g)有肋楯纤虫;(h)绿全列虫

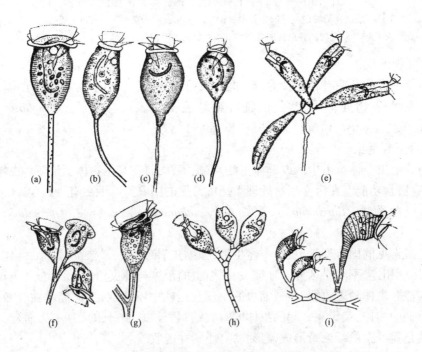

图 1 - 26　活性污泥中常见的固着型纤毛虫

(a)沟钟虫;(b)污钟虫;(c)八钟虫;(d)杯钟虫;(e)长盖虫;

(f)独缩虫;(g)聚缩虫;(h)节盖虫;(i)累枝虫

通,具有摄食功能。当其他原生动物碰上吸管虫时,就会被吸管粘住,并被注入的毒素麻醉,然后体液被吸干而死亡。吸管虫虫体呈球形、倒圆锥形或三角形,靠尾柄固着生活。

吸管虫多生活在有机质丰富的水体中,多在 β – 中污带出现。在污水生物处理中常见的有壳吸管虫($Tokophrrya$)、足吸管虫($Podophrya$)等,见图1 – 27。

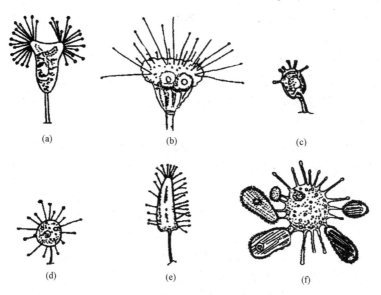

图1 – 27　活性污泥中常见的吸管虫
(a)壳吸管虫;(b)尘吸管虫;(c)环锤吸管虫;(d)固着足吸管虫;
(e)长足吸管虫;(f)球吸管虫捕食纤毛虫

3. 原生动物在污水生物处理中的作用

1)净化作用

原生动物直接参与污染物的去除,主要是吞食游离细菌和有机颗粒物,并能降解溶解性的有机物。原生动物的纤毛虫吞噬细菌的能力较强,原生动物吞食大量的游离细菌,使出水变清澈,浊度、有机氮和 BOD 降低,提高出水水质。

活性污泥颗粒主要由细菌絮凝而成,而有些原生动物能产生絮凝物质,促进活性污泥的形成。实验证明钟虫、累枝虫、草履虫等纤毛虫能分泌一些粘性多糖,使他们能够附着在小的絮凝体上,同时促进絮凝体进一步粘附细菌,使污泥絮体增大,提高污泥沉降性能,使出水澄清。常发现在活性污泥培养初期,一旦处理系统中出现固着型纤毛虫,随后就可看到活性污泥絮体的形成并逐渐增大。

2)指示作用

不同原生动物对环境条件要求不同,根据原生动物数量、种类、优势种、个体活性等与水质的关系,判断污水生物处理的效果和生物处理系统运转情况的好坏。

原生动物的指示作用与水质分析及细菌观察、计数相比具有观察测量容易、快速预报的优点,但由于各厂污水成分不同,需仔细观察、独立总结。

如原生动物群体的纤毛虫缩成一团,或发现钟虫的柄脱落或形成胞囊,则表明水中存在有毒物质,或其他条件如温度、pH 值等的不适宜。累枝虫对毒物的耐受能力较一般钟虫强,实验表明,废水中硫含量超过 100mg/L 时,其他原生动物都消失或生长不正常,而累枝虫仍能正常生活。

有些原生动物对水中溶解氧的变化十分敏感,如钟虫细胞前端出现气泡,运动迟缓,数量减少,说明水中充氧不足或溶解氧过高,反之则表明溶解氧情况适中良好。变形虫和鞭毛虫较能忍耐缺氧环境,通常出现在大负荷的处理系统或污水处理起始阶段,三角鞭毛虫的出现表示曝气不足或负荷过大而引起的缺氧状态。细湿鲜豆形虫(*Colpidium campylum*)、油碟钟虫(*V. microstoma*)是高负荷处理缺氧的标志。

有肋楯纤虫(*Aspidisca costata*)对缺氧很敏感,它的存在说明供氧良好。大量的固着型纤毛虫的出现表示废水中溶解氧适当,活性污泥状况良好。肉足虫大量出现时预示出水水质差。吸管虫大量出现表示出水水质好,污泥驯化佳。

(八)微型后生动物

微型后生动物是一些形体微小、需借助显微镜才能看清楚的多细胞动物。常见种类有轮虫、线虫、浮游甲壳动物和颚体虫等,它们在天然水体、潮湿土壤和污水生物处理构筑物中均有存在,对水质有净化和指示作用。

1. 轮虫

轮虫(*Rotifer*)形体微小,长度约为 $100 \sim 500\mu m$。身体长形,有头部、躯干和尾部的区分。轮虫的头部有头冠,是由 1~2 圈纤毛组成的两个纤毛环,纤毛摆动如旋转的轮盘,故而得名。轮虫的纤毛环为运动和摄食的器官,摆动形成的水流使游离细菌、有机颗粒和污泥碎屑进入两纤毛环之间的口部。轮虫的口内还有咽、食道和咀嚼器。

躯干部是轮虫的虫体最长最宽的部分,背腹扁平,有的种类躯干部表皮软而薄,有环形皱褶,好像分节,有的种类躯干部表皮硬化,形成坚硬的甲,甲上常有刺或棘。轮虫的尾部也称足部,末端常有分叉的足,多呈柄状,有的能自由收缩。

大多数轮虫以细菌、霉菌、藻类、原生动物及有机颗粒为食,同时它自己又可作为水生动物的食料。当环境不利时,轮虫便形成胞囊,度过不良环境。

轮虫要求较高的溶解氧,常在水质较好、有机物含量较低时出现,故轮虫是水体寡污带和污水处理效果好的指示生物。但如轮虫数量太多,则是污泥膨胀的标志,这将破坏污泥的结构,使污泥松散而上浮。目前发现的轮虫有 252 种,活性污泥中常见的轮虫有转轮虫、旋轮虫、小粗颈轮虫等,见图 1-28。

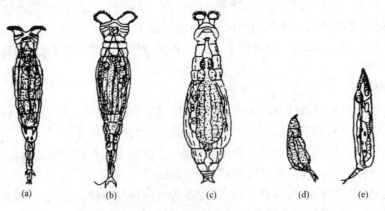

图 1-28 活性污泥中常见轮虫
(a)转轮虫;(b)旋轮虫;(c)小粗颈轮虫(d)猪吻轮虫;(e)无甲腔轮虫

2. 线虫

线虫（*Rhabdolaimus*）为圆柱状长线形虫体（图1-29）。线虫形体微小，多在1mm以下，多数自由生活，以游离细菌、藻类、原生动物及有机颗粒为食。线虫有好氧和兼性厌氧的，污水处理中兼性厌氧的线虫常在大量缺氧时出现，是污水净化程度差的指示生物。

图1-29　线虫形态

3. 浮游甲壳动物

浮游甲壳动物是鱼类的基本饵料，常见的水蚤，广泛分布于河流、湖泊和水塘等淡水水体及海洋中。这类生物的主要特点是具有坚硬的甲壳，水生浮游生活，以细菌和藻类为食料。若大量繁殖，浮游甲壳动物可能影响水厂滤池的正常运行。浮游甲壳动物可去除氧化塘中过多的藻类。

浮游甲壳动物有枝角类和桡足类两种。枝角类通称水蚤，俗称红虫，体长一般为0.2～3.0mm，虫体左右侧扁，分节不明显；头部有黑色复眼，第二触角十分发达，呈枝角状，为运动器官；躯干部两侧有甲壳。桡足类体长一般为0.3～3.0mm，虫体窄长，分节明显，头胸部较宽，腹部较窄；头部有2对触角，胸部有5对胸足，腹部无附肢，末端有1对尾叉。常见浮游甲壳类动物形态见图1-30。

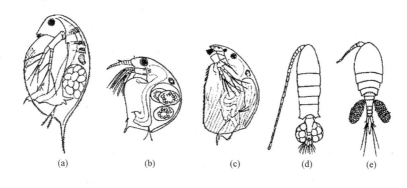

图1-30　常见浮游甲壳类动物
（a）大型蚤；（b）长额象鼻蚤；（c）中型尖额蚤；（d）哲水蚤；（e）剑水蚤

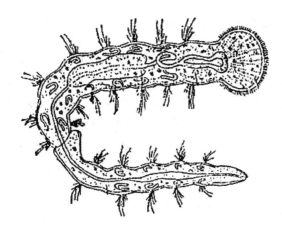

图1-31　红斑颤体虫

4. 颤体虫

颤体虫（*Aeolosoma*）又称颤蚓蚓，是活性污泥中形体最大的多细胞动物，以细菌、有机颗粒和污泥碎屑为食。活性污泥中出现较多的是红斑颤体虫，（图1-31）。红斑颤体虫头部前端圆而宽，口在腹侧如吸盘，身体分节不明显，每体节背腹有4束刚毛。

（九）非细胞型微生物——病毒

病毒（virus）是一类超显微且没有细胞结构的微生物，寄生在人体、动物、植物、微生物细胞内，可引起人体和动植物疾病。

1. 病毒的主要特征

（1）形体微小，大小在 20～200nm 之间，必须借助电子显微镜才能看到。较大的痘病毒直径约 300nm，而较小的口蹄疫病毒颗粒直径约 10～22nm。

（2）没有细胞结构，只含有 DNA 或 RNA，是一类核酸和蛋白质的大分子物体。

（3）专性寄生，不具备完整的酶系统，不能独立进行代谢活动，在特定宿主细胞内生活。由寄主提供原料、能量和生物合成场所进行增殖。

（4）在活细胞外只具有一般化学大分子特征，而无生命特征。

所以，病毒是一类极微小的、没有细胞结构、专性活细胞寄生的大分子微生物，在活细胞外具有大分子特征，一旦进入寄主细胞又具有生命特征。

2. 病毒的形态与结构

病毒的形态多种多样，有球状、砖形、杆状、蝌蚪状、丝状等。人和动物的病毒大多为球状、卵圆形或砖形；植物病毒多呈杆状或丝状；细菌病毒即噬菌体多呈蝌蚪状，具有多面体的头部和中空管状的尾部。病毒的几种形态见图 1－32。

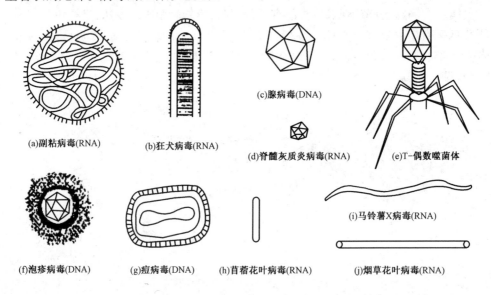

(a)副粘病毒(RNA)　　(b)狂犬病毒(RNA)　　(c)腺病毒(DNA)

(d)脊髓灰质炎病毒(RNA)　　(e)T-偶数噬菌体

(f)泡疹病毒(DNA)　　(g)痘病毒(DNA)　　(h)苜蓿花叶病毒(RNA)

(i)马铃薯X病毒(RNA)　　(j)烟草花叶病毒(RNA)

图 1－32　病毒的形态

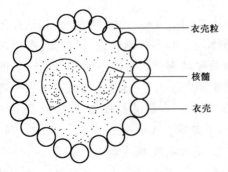

图 1－33　简单病毒粒子结构模式

衣壳粒

核髓

衣壳

病毒的基本结构包括蛋白质衣壳和衣壳内的核酸。衣壳由衣壳粒组成，衣壳粒是多肽链折叠而成的蛋白质单位；核酸又称核髓，即 DNA 或 RNA。核髓与蛋白质衣壳构成核衣壳，有的病毒核衣壳裸露，为简单的病毒粒子（图 1－33）；有的病毒核衣壳外有被膜包裹。完整的具有感染性的病毒颗粒称为病毒粒子。

病毒衣壳和被膜的主要作用是决定病毒感染的特异性，使病毒与寄主细胞特定部位结合，同时还起保护作用。核酸的主要作用是决定病毒对寄主细胞的感染力，是遗传物质。

3. 病毒的繁殖

病毒只能在特定的活细胞内代谢和繁殖,不能在普通培养基中培养。病毒侵入寄主细胞后,接管寄主细胞的生物合成机构,使寄主细胞按照病毒的指令合成病毒的核酸和蛋白质,并装配成新的病毒。病毒的这种繁殖方式称为病毒的复制,复制过程分为吸附、侵入、合成、装配、释放五个步骤。下面以大肠杆菌噬菌体为例说明病毒的复制过程。

1)吸附

吸附时,病毒的噬菌体尾部末端尾丝散开,固着于细菌细胞壁特定部位。吸附过程也受环境因子的影响,如 pH 值、温度。

2)侵入

侵入即注入核酸。病毒在吸附寄主后,由尾部的溶菌酶溶解细菌细胞壁的肽聚糖,使细胞壁产生小孔,然后尾鞘收缩,将头部的核酸注入细菌细胞内,而蛋白质外壳则留在细菌体外。

3)合成

这个步骤主要指噬菌体 DNA 复制和蛋白质外壳的合成。噬菌体 DNA 进入寄主细胞后,利用寄主细胞的生物合成场所、原料和酶合成自身的蛋白质,同时复制自身的核酸。

4)装配

噬菌体的核酸和蛋白质组装成成熟的、有侵染力的噬菌体粒子,成为新的子代噬菌体。

5)释放

成熟的噬菌体粒子,合成溶解细菌细胞壁的水解酶,使宿主细胞裂解而释放。一个寄主细胞可释放 10～1000 个噬菌体粒子。大肠杆菌 T 偶数噬菌体从吸附到粒子成熟释放大约需15～30min。释放出的新的子代噬菌体粒子在适宜条件下可感染新的寄主细胞,并重复上述过程。

任务三　监测活性污泥性能

📖 **学习内容**

(1)活性污泥性能指标;
(2)污泥三项测定方法和数据处理方法。

📖 **工作内容**

(1)测定污泥三项,并进行数据处理;
(2)根据污泥三项的测定结果评价活性污泥性能。

📖 **工作准备**

(1)准备仪器:烘箱、真空泵、电子天平、扁嘴无齿镊子、常用玻璃仪器、定量滤纸。
(2)采样和样品保存:实验室样品要采集于干净的玻璃瓶内。采集之前用待采的水样清洗玻璃瓶三次,然后采集具有代表性的曝气池活性污泥混合液 100～200mL,盖严瓶塞(样品应尽快分析)。

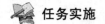 **任务实施**

（一）恒重滤纸

用扁嘴无齿镊子夹取定量滤纸放于事先恒重的称量瓶内，移入烘箱中 $103 \sim 105\text{℃}$ 烘干半小时后取出，置于干燥器内冷却至室温，称其质量。反复烘干、冷却、称量，直至两次称量的质量差不大于 0.2mg，纪录（W_1）。将恒重的滤纸放在玻璃漏斗内。

（二）试样测定

用 100mL 量筒量取充分混合均匀的试样 100mL，静置 30min 后读取沉淀后污泥所占的体积 $V(\text{mL})$。

倒去上述量筒中清液，用准备好的滤纸过滤量筒中的污泥，并用少量蒸馏水冲洗量筒，合并滤液（为提高过滤速度，应采用真空泵进行抽滤）。将载有污泥的滤纸放在原恒重的称量瓶内，移入烘箱中于 $103 \sim 105\text{℃}$ 中烘 $2 \sim 3\text{h}$ 后移入干燥器中，冷却至室温，称其质量。反复烘干、冷却、称量，直至两次称量的质量差不大于 0.4mg 为止，纪录（W_2）。

（三）数据处理

污泥浓度（$MLSS$）的单位为 mg/L，其计算公式如下：

$$MLSS = \frac{(W_2 - W_1) \times 10^6}{100}$$

式中　W_1——过滤前，滤纸 + 称量瓶质量，g；

　　　W_2——过滤后，滤纸 + 污泥 + 称量瓶质量，g。

污泥沉降比（SV）的单位为 %，其计算公式如下：

$$SV = \frac{V}{100} \times 100\%$$

式中　V——100mL 试样在 100mL 量筒中静置 30min 沉淀后污泥所占的体积，mL。

污泥指数（SVI）的单位为 mL/g，其计算公式如下：

$$SVI = \frac{SV \times 10^6}{MLSS}$$

（四）评价性能

根据污泥三项的测定结果正确评价活性污泥性能。

操作要求

（1）用真空泵进行抽滤时要严格控制泵的抽力，以免滤纸被破坏；

（2）当水样过滤结束后，还要保持慢速抽滤 $3 \sim 5\text{min}$，充分除去水分；

（3）用镊子夹出带污泥的滤纸，纵向折叠后放在称量瓶内（泥在下面）。当烘到 2h，将滤纸放置的方向进行颠倒（泥在上面），继续烘干，这样助于水分蒸发。

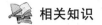

（一）活性污泥性能指标

活性污泥法处理污水的关键是具有足够数量和性能良好的活性污泥。衡量活性污泥性能的参数主要有以下几种。

1. 活性污泥状态和生物相

活性污泥生物相比较复杂，以细菌和原生动物为主。可在显微镜下观察菌胶团状态，丝状菌的数量，原生动物种类、数量和生长状态等。好的活性污泥很少看到分散的细菌，只有一团团结构紧密的菌胶团；不太好的活性污泥中则可看到一些丝状菌伸出絮绒体外；很差的活性污泥丝状菌很多，菌胶团结构松散。鞭毛虫和游泳型纤毛虫只在有大量细菌时才出现；固着型纤毛虫存在于有机物少，BOD 为 5～10mg/L 左右的废水中，若固着型纤毛虫占优势，一般认为处理系统运行正常；轮虫在水质稳定、溶解氧充分时才出现，但若大量出现，表示污泥极度老化。

2. 活性污泥微生物量指标

1）污泥浓度（MLSS）

$MLSS$ 即混合液悬浮固体浓度，也称为污泥浓度。$MLSS$ 由 $M_a + M_e + M_i + M_{ii}$ 组成，其中 M_a 为具备活性细胞成分；M_e 为内源代谢残留的微生物有机体；M_i 难为细菌降解的有机悬浮固体；M_{ii} 为吸附的无机悬浮固体。混合液是曝气池中污水和活性污泥混合后的混合悬浮液。$MLSS$ 是指在 1L 混合液内含有的悬浮固体的总重量（单位 mg/L 或 g/L），是活性污泥微生物量的相对指标，能间接反映微生物的量。在活性污泥曝气池，$MLSS$ 一般为 2～3g/L。

2）挥发性悬浮固体浓度（MLVSS）

$MLVSS$ 指活性污泥中有机固体物质的浓度，由 $M_a + M_e + M_i$ 组成，单位为 mg/L 或 g/L。

把混合液悬浮固体在 600℃ 焙烧，能挥发的部分即是挥发性悬浮固体，剩下的部分称为非挥发性悬浮固体。

一般在活性污泥法中用 $MLVSS$ 表示活性污泥中生物的含量。在一般情况下，$MLVSS/MLSS$ 的比值较固定：对于生活污水，常在 0.75～0.85 左右；对于工业废水，其比值视水质不同而异。

3. 活性污泥的沉降性能指标

1）污泥沉降比（SV）

指一定量的曝气池混合液静置 30min 后，沉淀污泥所占的体积与混合液总体积之比的百分数，所以也常称为 30min 沉降比，即：

$$污泥沉降比 = \frac{混合液经 30min 静置沉淀后污泥体积}{混合液体积} \times 100\%$$

正常的活性污泥在沉降 30min 后，可以接近它的最大密度，故 SV 可以反映曝气池正常运行时的污泥量，还可反映污泥的凝聚、沉降性能，用于控制剩余污泥的排放。通常，曝气池混合液 SV 的正常范围在 15%～30% 之间。

2）污泥指数（SVI）

指曝气池出口处混合液，经 30min 沉淀后，1g 干污泥所占容积的毫升数，单位为 mL/g。SVI 的计算式为：

$$\text{污泥容积指数} = \frac{\text{混合液经30min静置沉淀后的污泥体积}}{\text{污泥的干重}}$$

SVI 能较好的反映活性污泥的松散程度和凝聚沉降性能。一般认为,处理生活污水时 SVI <100mL/g 时,沉降性能良好;SVI 为 100~200mL/g 时,沉降性能一般;SVI >200mL/g 时,沉降性能不好。一般控制 SVI 为 50~150mL/g 较好。过低,说明泥粒细小紧密,无机物含量多,缺乏活力和吸附性能;过高,说明污泥难于沉降,并使回流污泥的浓度降低,甚至出现污泥膨胀,导致污泥流失等后果。

4. 活性污泥的活性指标

活性污泥的比耗氧速率($SOUR$,一般用 OUR):单位质量的活性污泥在单位时间内所能消耗的溶解氧量,其单位为 $mgO_2/(gMLVSS \cdot h)$ 或 $mgO_2/(gMLSS \cdot h)$

OUR 反映有机物降解速率及活性污泥是否中毒,将用于系统的自动报警。

活性污泥的 OUR 一般为 8~20$mgO_2/(gMLVSS \cdot h)$,温度对 OUR 的影响很大,不同温度的 OUR 没有可比性,一般在 20℃ 测 OUR。

(二)污泥三项的意义

污泥三项特指污泥浓度($MLSS$)、污泥指数(SVI)、污泥沉降比(SV)三项。其意义综合反映污泥浓度和凝聚、沉降性能。污泥三项是污水处理厂活性污泥法处理污水需要监测的指标。

任务四　培养基的制备与灭菌

📖 学习内容

(1)微生物的化学组成和营养需求,培养基的类型;

(2)理化因子对微生物生长的影响;

(3)消毒和灭菌的方法;

(4)培养基和无菌水的制备方法;

(5)玻璃仪器的包装和灭菌方法。

📖 工作内容

(1)包装玻璃仪器并灭菌;

(2)配制并分装牛肉膏蛋白胨琼脂培养基,使用高压蒸汽灭菌锅灭菌;

(3)制备无菌水。

📖 工作准备

(1)准备仪器:高压蒸汽灭菌锅、冰箱、电炉、台秤、金属圆筒;培养皿、漏斗、试管、1mL 吸管、10mL 量筒、500mL 大烧杯、锥形瓶、玻璃棒、pH 试纸、药勺。

(2)准备材料:线绳、纱布、棉花、报纸、牛皮纸。

(3)准备试剂:牛肉膏、蛋白胨、琼脂、NaCl、蒸馏水、10% HCl、10% NaOH。

任务实施

（一）包装玻璃仪器

1. 包装培养皿

将洗净烘干的培养皿按底和盖成对放好，装入金属圆筒内或用牛皮纸包装，准备灭菌。

2. 包装1mL吸管

（1）吸管的吸入端用铁丝塞入少许棉花约1cm长，以防止吸入细菌。

（2）准备4～5cm宽的长纸条，纸条一角先折叠2cm约45°左右，将吸管尖端放在纸条折叠处，用左手将吸管压住，在桌面上向前搓转，两端纸头折叠打结，6支一组，用牛皮纸包好，做好标记，准备灭菌。

（二）制作棉塞

取一大块棉花，按图1-34制作棉塞，图中（a）、（b）、（c）、（d）为棉塞制作步骤，（e）为制作正确的棉塞，（f）、（g）为制作不正确的棉塞。棉花的2/3在试管口（或锥形瓶）内，紧贴管壁（或瓶口），不留缝隙。如不慎将棉塞沾上培养基，应用清洁棉花重做。也可用试管帽或塑料塞代替棉塞。

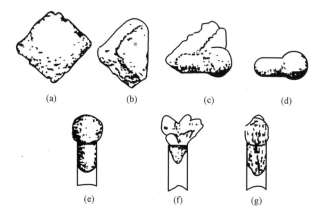

图1-34 棉塞的制作

（三）制备牛肉膏蛋白胨琼脂培养基

1. 称量

按附录Ⅰ培养基配方，根据实际用量计算后称取药品，除琼脂外，均放入大烧杯中。牛肉膏可放在小烧杯或表面皿中称量，用热水溶解后倒入大烧杯中。

2. 熔化

在烧杯中加入蒸馏水，加热，用玻棒不断搅拌，药品溶解后加入琼脂，继续加热并不断搅拌，以防琼脂糊底或溢出，待药品完全溶解后再补充水分至所需量。

3. 调pH值

检测培养基的pH值，用10% HCl和10% NaOH将pH值调节至7.4～7.6。应注意pH值不要调过头，以免回调而影响培养基内各离子的浓度。

4. 过滤

液体培养基可用滤纸过滤，固体培养基可用4层纱布趁热过滤，以利结果的观察。但是供一般使用的培养基,该步可省略。

5. 分装

将配制的培养基分装入试管中,见图 1-35。防止培养基沾在管口上造成污染。

分装量:固体培养基约为试管高度的 1/5,锥形瓶内以不超过其容积的一半为宜。液体培养基约为试管高度的 1/4。

一部分(约 40mL)分装于 8 支试管中,每只约加入 3~5mL,灭菌后制成斜面;一部分(约 200~220mL)分装于 15 支试管中,每只约加入 10~15mL,灭菌后保存,用于倒平板;一部分(约 110~130mL)装于锥形瓶中,灭菌后趁热倒平板,共 9 个培养皿,每个培养皿加入约 10~15mL。注意,倒平板须保证无菌操作,可在酒精灯旁完成。

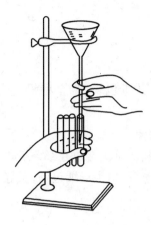

图 1-35 培养基的分装

6. 包扎

培养基分装完毕后,塞上棉塞,以阻止外界微生物进入培养基内而造成污染,并保证有良好的通气性能。试管先捆成一捆后,再于棉塞外包扎牛皮纸,以防灭菌时冷凝水沾湿棉塞。贴上标签,注明培养基名称、日期、组别,准备灭菌。

(四)制备无菌水

在试管或瓶内先盛以适量(约 9.2mL)的蒸馏水(或 0.85% NaCl 的生理盐水),盖好棉塞,包上牛皮纸,使其灭菌后其水量恰为 9mL。每组准备 5 支,以一大张牛皮纸包扎,写上姓名,与牛肉膏蛋白胨培养基可放在同一试管架上。准备灭菌。

(五)高压蒸汽灭菌

手提式高压蒸汽灭菌锅的使用按以下操作步骤进行。

1. 加水

首先将内层装料桶取出,向外层锅内加入适量的蒸馏水,使水面达到所要求的水位线。

2. 装物

放回装料桶,并装入待灭菌物品。注意不要装得太挤,以免阻碍蒸汽流通而影响灭菌效果。三角烧瓶口与试管口端均不要与桶壁接触,以免冷凝水淋湿包口的纸而透入棉塞。

3. 加盖

将盖上的排气软管插入内层灭菌桶的排气槽内,摆正锅盖,对齐螺口,再以两两对称的方式同时旋紧相对的两个螺栓,使螺栓松紧一致,勿使漏气。

4. 排气

通电,并同时打开排气阀,使水沸腾以排除灭菌锅内的冷空气。待冷空气完全排尽后,关上排气阀,锅内的温度随蒸汽压力增加而逐渐上升。

5. 保压

锅内压力和温度不断上升,当压力表指针达到所需压力刻度时,开始计时并维持压力至所需时间。

6. 降压

达到灭菌所需时间后,切断电源,让压力自然下降到零后,打开排气阀,放净余下的蒸汽后,再打开锅盖,取出灭菌物品,倒掉锅内剩水。

（六）保存

待已灭菌的物品冷却后,将取出的灭菌培养基放入37℃温箱培养24h,经检查若无杂菌生长,即可待用,放置阴凉处或10℃低温保存。

操作要求

（1）吸管吸入端塞入的棉花要塞得松紧适宜,吸时既能使液体顺利吸入,又不能把棉花吸入,不要塞得太深以免洗刷时不易取出。

（2）制作的棉塞不宜过紧或过松,以手提棉塞,试管（或锥形瓶）不掉下为佳。

（3）培养基的灭菌时间和温度,需按照各种培养基的规定进行,以保证灭菌效果和不损害培养基的成分。玻璃仪器包括培养皿、吸管,121℃（$1kg/cm^2$）高压蒸汽灭菌30min;培养基121℃（$1kg/cm^2$）高压蒸汽灭菌20min。

（4）使用高压蒸汽灭菌锅时,排气一定要彻底。如果空气未排尽,则锅内压力虽然达到所需压力,但温度却无法达到所需温度。

（5）高压蒸汽灭菌锅灭菌时达到所需时间后,压力一定要下降到零后再打开排气阀。如果压力未降到零时打开排气阀,就会因锅内压力突然下降,使容器内的培养基冲出,造成培养基冒出的泡沫沾染棉塞。

相关知识

（一）微生物细胞的化学组成

构成微生物细胞的物质基础是各种化学元素。根据对微生物细胞物质的化学分析得出微生物对各类化学元素需要量的大小,将它们分为主要元素和微量元素。主要元素包括 C、H、O、N、P、S、K、Na、Mg、Ca、Fe 等,所需浓度在 $10^{-3} \sim 10^{-4}$ mol/L 范围内;微量元素包括 Zn、Mn、Cu、Co、Mo、Ni 等,所需浓度在 $10^{-6} \sim 10^{-8}$ mol/L 范围内。

各种化学元素主要以水、无机物和有机物的形式存在于细胞中。微生物体内的70%～90%为水,剩下的为干物质。干物质主要为有机物和无机物,其中有机物约占干重的90%～97%,主要包括蛋白质、糖、脂、核酸、维生素及一些代谢产物等,无机物主要以无机盐的形式存在。

（二）微生物的营养需求

微生物同其他生物一样,必须从环境中吸收营养物质,通过新陈代谢将其转化成自身的细胞物质或代谢物,并从中获取生命活动所需要的能量,同时将代谢活动产生的废物排出体外。那些能够满足机体生长、繁殖和完成各种生理活动所需要的物质称为营养物质。微生物获得和利用营养物质的过程称为营养。营养物质是微生物生存的物质基础,而营养是微生物维持和延续其生命形式的一种生理过程。

微生物所需要的营养物质主要是碳源、氮源、无机盐、生长因子和水,称为五种营养要素。

1. 碳源

一切构成微生物的细胞物质（或代谢产物）中碳素来源的物质称为碳源。微生物利用的碳源物质主要有糖类、有机酸、醇、脂类、CO_2 及碳酸盐等。

凡是必须利用有机碳源的微生物,就是为数众多的异养微生物。凡是能利用无机碳源的微生物,则是自养微生物。对异养微生物来说,碳源是兼有能源功能营养物。但自养微生物的能源并不是碳源,所需能量来自于光能或无机物氧化释放的化学能。

微生物利用碳源物质具有选择性。对异养微生物来说,最适碳源是糖类,尤其是葡萄糖、果糖、蔗糖、麦芽糖和淀粉,其次是醇类、有机酸类和脂类等。例如,在以葡萄糖和半乳糖为碳源的培养基中,大肠杆菌首先利用葡萄糖,然后利用半乳糖。

不同种类微生物利用碳源物质的能力不同。有的微生物能广泛利用各种类型的碳源物质,而有些微生物可利用的碳源物质只有一两种。例如,假单胞菌属中的某些种可以利用多达90种以上的碳源物质,而有些纤维素分解菌只能利用纤维素、甲烷和甲醇。

在自然界,几乎所有的有机化合物,甚至有毒物质均可被不同的微生物利用,如热带假丝酵母可利用塑料,霉菌和诺卡菌可利用氰化物。在微生物工业发酵中所利用的碳源物质主要是农副产品废物,如玉米粉、甘薯粉、饴糖、淀粉、麸皮、米糠等。

2. 氮源

一切构成微生物的细胞物质(或代谢产物)中氮素来源的营养物质称为氮源。

氮对微生物的生长发育有重要的作用,它们主要用来合成细胞中的含氮物质。氮源一般不作为能源,只有少数化能自养细菌如硝化细菌能利用铵态氮和硝态氮作为氮源和能源。

微生物可利用的氮源物质包括蛋白质、多肽、核酸、氨基酸、铵盐、硝酸盐、分子氮、尿素、氰化物等。根瘤菌、固氮蓝细菌、固氮菌、少数放线菌、少数真菌能利用空气中的 N_2 合成自身的含氮物质,当环境中存在氮化合物时,便失去固氮能力。大多数微生物能利用无机氮化物,几乎所有的微生物都能利用铵盐。此外,大多数微生物能利用有机氮化物作为氮源,实验室和生产实践中常用的有机氮源主要有蛋白胨、牛肉膏、鱼粉、黄豆饼粉、玉米浆、酵母浸膏等。

3. 无机盐

除碳源和氮源外,无机盐也是微生物生长所不可缺少的营养物质,包括 P、S、K、Na、Mg、Ca、Fe、Zn、Mn、Cu、Co、Mo、Ni 等。它们主要具有以下功能:

(1)提供微生物细胞组成元素,如 P 是核酸、一些辅酶的重要组成元素,S 是一些氨基酸的组分;

(2)参与微生物细胞结构,如磷脂双分子层构成了细胞膜的基本结构;

(3)与酶的组成和活性有关,如 Fe 是细胞色素氧化酶的组成成分,Zn、Cu 是许多酶的激活剂;

(4)调节和维持微生物细胞的渗透压、pH 值和氧化还原电位,如 K、Na 具有调节渗透压的作用,磷酸盐能维持 pH 值的稳定;

(5)是化能自养菌的能源物质,如 NH_4^+、NO_2^-、SO_3^{2-}、$S_2O_3^{2-}$、Fe^{2+} 分别是硝化细菌、硫化细菌和铁细菌的能源物质。

4. 生长因子

生长因子通常指那些微生物生长所必需而且需要量很小、微生物自身不能合成或合成量不足的有机化合物,主要包括维生素、氨基酸、嘌呤碱、嘧啶碱等,而维生素类物质中以 B 族维生素种类最多。故在许多微生物培养中,除提供碳源、氮源、无机盐和水外,还必须添加微量的生长因子。能提供生长因子的天然物质有蛋白胨、酵母膏、玉米浆、麦芽汁、黄豆饼粉、动植物组织液等。

生长因子的主要功能是提供给微生物细胞物质(如核酸、蛋白质、辅酶的化学组分)和参与酶的活化和代谢活动。

5. 水

水是微生物生长所必不可少的物质。细胞内的水以自由水和结合水两种形式存在,微生物能利用的是自由水。水在细胞中的生理功能主要有:

(1)微生物细胞的组成成分;

(2)物质运输和生化反应的溶剂,营养物质的吸收与代谢产物的排除必须以水为介质才能完成,细胞中各种生化反应的进行必须在溶解状态下完成;

(3)参与细胞内的化学反应;

(4)做为热的良好导体,保证了细胞内温度的稳定性;

(5)维持蛋白质、核酸等生物大分子结构的稳定(如蛋白质表面的亲水基团与水发生水合作用,形成的水膜阻碍了蛋白质分子的沉降聚集)

(三)微生物的培养基

培养基是指人工配制的、适合微生物生长繁殖或产生代谢产物的营养基质。广义的培养基是指一切供给微生物生长繁殖所需营养的基质,如自然水体和废水处理厂中的污水均是微生物生长的培养基。但培养基的概念一般是指实验室中人工配制的培养基。

1. 配制培养基的原则

1)目的明确

根据不同微生物营养需求,配制有针对性的培养基。例如,培养细菌常用牛肉膏蛋白胨培养基;培养放线菌常用高氏 1 号合成培养基;培养酵母菌常用麦芽汁培养基;培养霉菌常用查氏培养基等。

2)各种营养物浓度及配比适当

培养基中营养物质浓度合适时微生物才能生长良好。营养物质浓度过低,不能满足微生物正常生长的需要;浓度过高,则可能对微生物生长起抑制作用。

培养基中各营养物质之间的浓度配比也直接影响微生物的生长繁殖和代谢产物的积累,其中碳氮比(C/N)的影响较大。例如,在利用微生物发酵生产谷氨酸的过程中,培养基 C/N 为 4/1 时,菌体大量繁殖,谷氨酸积累少;当培养基中 C/N 为 3/1 时,菌体繁殖受到抑制,谷氨酸产量则大量增加。

3)理化条件要适宜

理化条件指 pH 值、渗透压、氧化还原电位等。一般来讲,细菌、放线菌生长的最适 pH 值范围在 6.5~8.5 之间,酵母菌、霉菌的 pH 值在 4.0~6.0 之间。在微生物生长繁殖过程中,由于营养物质的利用和代谢产物的积累,培养基的 pH 值会发生变化,为了维持 PH 的相对恒定,通常在培养基中加入缓冲剂。

绝大多数微生物适宜在等渗溶液中生长,一般培养基的渗透压都是适合的。但培养嗜盐微生物(如嗜盐细菌)和高渗压微生物(如高渗酵母)时就要提高培养基的渗透压。

4)培养基应无菌

保证培养基无菌,避免培养的微生物受其他杂菌污染。

5）控制成本

应利用价格低廉、来源丰富的原料降低成本。

2. 培养基的类型

培养基种类很多,根据培养基组分、物理状态和用途可将培养分成多种类型。

1）根据培养基组分分类

（1）天然培养基。

用化学成分还不清楚或化学成分不恒定的天然有机物为主要成分配制而成的培养基,称为天然培养基。牛肉膏蛋白胨培养基和麦芽汁培养基就属于此类。常用的天然有机营养物质包括牛肉膏、蛋白胨、酵母浸膏、豆芽汁、玉米粉、牛奶等。

（2）合成培养基。

用化学成分完全了解的化学物质配制而成的培养基,称为合成培养基。高氏1号培养基和查氏培养基就属于此种类型。

2）根据培养基物理状态分类

（1）液体培养基。

液体培养基中未加任何凝固剂,将各种培养基组分溶于水即成。液体培养基常用于大规模工业生产及在实验室进行微生物的基础理论和应用方面的研究。

（2）固体培养基。

在液体培养基中加入一定量凝固剂,使其成为固体状态,称为固体培养基。固体培养基常用来进行微生物的分离、鉴定、活菌计数及菌种保藏等。

在制备固体培养基时,最常用的凝固剂是琼脂,含量为 1.5% ~2.0%。琼脂是从石花菜等红藻中提取的复杂多糖,不被大多数微生物分解,加热到96℃以上时熔化,降温至45℃以下时凝固。琼脂在高温的酸性条件下会发生水解,所以在配制 pH < 5 的固体培养基时,需将琼脂和培养基其他组分分开灭菌,灭菌后降到适当温度后再混合。

明胶也是制备固体培养基的凝固剂,是由动物的骨、皮、肌腱和韧带熬制而成,主要成分是蛋白质和氨基酸,可被多种微生物利用。温度高于 28 ~35℃时明胶熔化,低于 20℃时明胶凝固。明胶固体培养基仅用于某些特殊微生物的生理生化检验。

硅胶是由硅酸钠、硅酸钾与盐酸、硫酸发生中和反应而产生的胶体,一旦凝固,不能再熔化。硅胶是无机物,被用于分离和培养自养菌。

此外,一些天然固体基质可做固体培养基,如马铃薯块、胡萝卜条、米糠等。

（3）半固体培养基。

半固体培养基中凝固剂的含量比固体培养基略少,琼脂含量为 0.3% ~0.5%,使培养基呈半固体状态。半固体培养基常用于穿刺培养,观察微生物的运动状况、培养厌氧菌及菌种保藏等。

3）根据培养基的用途分类

（1）基础培养基。

尽管不同微生物的营养需求不同,但大多数微生物所需的基本营养物质是相同的。基础培养基是含有一般微生物生长繁殖所需的基本营养物质的培养基。牛肉膏蛋白胨培养基是最常用的基础培养基。

（2）加富培养基。

加富培养基是在基础培养基中加入某些特殊营养物质制成的一类营养丰富的培养基。这些特殊营养物质包括血液、血清、酵母浸膏、动植物组织液等。加富培养基一般用来培养营养要求比较苛刻的异养微生物。

（3）选择培养基。

选择培养基是用来将某种或某类微生物从混杂的微生物群体中分离出来的培养基。

利用微生物对某些物质的敏感程度不同，在培养基中加入一些化学物质，利用这些物质抑制非目的性微生物的生长，使所需的微生物大量繁殖。

例如，在培养基中加入胆汁酸盐，能抑制革兰氏阳性菌的繁殖，使革兰氏阴性菌生长；缺乏氮源的选择培养基可用来分离固氮微生物。

（4）鉴别培养基。

鉴别培养基在基础培养基中加入某种指示剂而鉴别某种微生物的培养基。经培养后，利用几种细菌的代谢产物不同，借助指示剂的显色不同，达到快速菌种鉴别的目的。

4）根据生产目的分类

（1）种子培养基。

种子培养基是目的为获得优良菌种，用于培养微生物菌体的培养基。

（2）发酵培养基。

发酵培养基是目的为获得发酵产物，用于积累代谢产物的培养基，其含氮量高于种子培养基。

（四）理化因子对微生物生长的影响

1. 温度

温度是影响微生物生长的重要因子。每一种微生物的生长都有一定的温度范围，并且有最低生长温度、最适生长温度、最高生长温度。最高生长温度和最低生长温度分别是微生物生长的最高和最低温度界限。高于最低生长温度，随着温度的升高，生化反应速率加快，代谢加速，生长加快，达到最适生长温度后，温度继续升高，细胞内的酶会发生不可逆的破坏，甚至失去活性，细胞代谢功能急剧下降以至于死亡。微生物生长随温度变化的规律如图1-36所示。

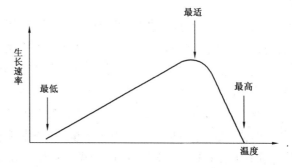

图1-36 温度对微生物生长速率的影响

环境温度低于最低生长温度，微生物生长代谢停止，温度回升，微生物还会复活，但冰点以下微生物往往会死亡，因为细胞内形成冰晶，一方面使细胞脱水，另一方面对细胞膜造成机械损伤，使细胞发生破裂。环境温度高于最高生长温度，微生物就会死亡。某种微生物在10min内被完全杀死的最低温度，称为致死温度。

根据微生物的最适生长温度，将微生物分为嗜冷微生物、嗜温微生物、嗜热微生物和超嗜热微生物等四种类型，见表1-4。

表1-4 不同类型的微生物生长温度

温度 类型	最低生长温度,℃	最适生长温度,℃	最高生长温度,℃
嗜冷微生物	-5～0	5～10	15～20
嗜温微生物	5～10	25～40	45～50
嗜热微生物	20～30	50～60	70～80
超嗜热微生物	50～60	70～95	105～115

多数细菌、酵母菌、霉菌的营养细胞和病毒,在50～65℃下10min就会死亡。有些微生物抗热性很强,如嗜热脂肪芽孢杆菌是抗热性较强的一种细菌,营养细胞可在85℃的环境中生长,其芽孢在120℃下12min才会死亡。细菌芽孢的抗热性最强,致死温度大多在105℃以上。放线菌和霉菌的孢子抗热性较强,一般75～80℃下10min致死。少数动物病毒具有较强抗热性,如脊髓灰质炎病毒在75℃下30min致死。噬菌体往往较其宿主细胞有更强的抗热性,一般在65～80℃致死。大多数细菌是嗜温微生物。表1-5列出了废水生物处理中几种细菌的温度范围和最适生长温度。

表1-5 废水生物处理中几种细菌的温度范围和最适温度

菌类 温度	假单胞菌	动胶菌属	亚硝化球菌属	硝化球菌属	硝化杆菌
温度范围,℃	25～35	10～45	5～30	15～35	10～35
最适温度,℃	30	25～30	20～25	25～30	25～30

2. pH 值

微生物的生长受环境中氢离子浓度的影响,pH值的改变影响酶的活性和微生物对营养物质的吸收。微生物生长也有一个适宜pH范围,存在最低生长pH值、最适生长pH值、最高生长pH值,低于最低生长pH值或高于最高生长pH值,微生物就会死亡,所以强酸和强碱都具有杀菌作用。

微生物生长的适宜pH值范围通常在4.0～9.0之间,不同微生物对pH值的需求有所不同。细菌、放线菌一般喜中性偏碱环境,最适生长pH值为6.5～8.5;酵母菌、霉菌喜偏酸性环境,最适生长pH值为4.0～6.0;藻类和原生动物,最适生长pH值为6.5～7.5;少数细菌能在强碱性或强酸性环境中生活,如氧化硫杆菌的最适生长pH值为2.0～3.5,甚至在pH值为1.5的环境中仍能生活。

微生物的代谢活动会改变环境的pH值,所以往往需要在微生物的培养基中加入缓冲剂。对于需要pH值为6.5～7.5的培养基,常加入磷酸盐;要求碱性的培养基,加入硼酸盐或甘氨酸;要求pH值大于9的培养基,加入碳酸钙。污水生物处理过程中,应根据污水性质和成分适时投加药剂(如氢氧化钠、碳酸钠、碳酸氢钠、尿素、硫酸铵等)以调节pH值。

3. 辐射

辐射是能量通过空间传递的一种物理现象。与微生物有关的辐射包括可见光、紫外线和电离辐射。

可见光为波长在400～800nm之间的电磁辐射,是光合细菌的能源,对化能微生物一般无影响,但强烈的连续照射也会引起微生物死亡。紫外线波长在200～400nm之间,其中260～280nm的紫外光杀菌能力最强,轻则使微生物发生变异,重则导致微生物死亡。不同种类、不同环境中的微生物抵抗紫外线的能力不同,芽孢和孢子比营养细胞抗性强,干燥细胞比湿细胞抗性强。

电离辐射包括χ、α、β、γ射线,这些辐射波长短,能量高,引起细胞中蛋白质和酶发生改变,导致细胞死亡。γ射线具有很强的穿透力和杀菌效果,常用于灭菌。

4. 干燥

干燥引起微生物代谢活动停止。干燥的细胞处于代谢停滞状态,在不受其他外界因素干扰下,干燥细胞会一直处于休眠状态而长期存活,一旦有潮气会很快复活。细菌芽孢、真菌的孢子及原生动物的孢囊都比营养细胞抗干燥。干燥是保藏物品和食物的好方法,如肉食品、水果、蔬菜可制成干制品,延长储存时间。

(五)消毒和灭菌

在日常生活和生产研究中,经常要进行消毒和灭菌。消毒和灭菌是两个不同的概念。消毒是指杀死所有病原微生物的营养体,而灭菌是指杀死一切微生物的营养体、芽孢和孢子。消毒可以起到防止感染和传播有害微生物的作用,灭菌比消毒更彻底,灭菌后的物体不再有任何可存活的微生物。

消毒和灭菌的方法主要有物理方法和化学方法。

1. 物理法

1)干热灭菌

(1)灼烧法。

火焰灼烧灭菌是最简单、最彻底的干热灭菌法,将待灭菌的物品放在火焰中灼烧,使所有的生物质碳化。此法适用范围较小,适用于接种环、接种针及其他金属用具。无菌操作时的试管口、玻璃仪器瓶口和棉塞在火焰上短暂停留,灼烧灭菌。

(2)烘箱干热灭菌法。

烘箱干热灭菌简称干热灭菌。将待灭菌的物品放入烘箱中,利用高温干燥空气灭菌,一般在150～170℃下处理1～2h。一般的营养体在100℃下持续1h即会被杀死;芽孢在170℃持续2h会彻底被杀死。注意温度不能超过170℃,因为包装纸张超过170℃时会被烤焦。此法适用于玻璃、陶瓷和金属等耐热物品的灭菌,不适于液体样品、塑料和橡胶物品的灭菌。

2)湿热灭菌

(1)常压蒸汽灭菌法。

常压蒸汽灭菌法也称常压间隙灭菌法。将待灭菌的物品在100℃下蒸煮30～60min,杀死微生物的营养细胞,室温下放置24h,使未被杀死的芽孢萌发形成营养体后再加热至100℃,30～60min,营养体即被杀死,但可能还有芽孢,故再重复一次,以达到彻底灭菌。此法适用于不耐高温的物品,如明胶培养基、牛乳培养基、含硫培养基等的灭菌。

(2)高压蒸汽灭菌法。

高压蒸汽灭菌法是目前实验室中应用最广泛、最常用的灭菌方法。此法在密闭的高压蒸汽灭菌锅内进行。通过蒸汽产生的高压,使温度达到100℃以上,加之热蒸汽穿透力强,可迅速引起蛋白质变性凝固,以达到灭菌的目的。

高压蒸汽灭菌法常采用0.105MPa(1.00kg/cm²),121℃维持15~30min。此法适用于培养基、生理盐水等各种溶液以及玻璃器皿、工作服等的灭菌。对体积大、热传导性差的物品,加热时间应适当延长。

高压蒸汽灭菌效果虽好,但或多或少会破坏一些培养基成分。例如,还原糖的羰基与一些氨基酸中的氨基反应,形成褐色的氨基糖,可使热稳定性差的物质(如维生素、氨基酸、蛋白质等)遭到破坏,还会使培养基pH值稍有下降。

3)辐射灭菌

(1)紫外线灭菌。

260nm的紫外线常用于灭菌。波长一定,灭菌效果与紫外线的强度和照射时间的乘机成正比。紫外线杀菌原理主要是抑制DNA的复制,并使空气中生成强氧化剂——臭氧(O_3)和过氧化氢(H_2O_2),臭氧和过氧化氢具有杀菌作用。

紫外线杀菌灯常用于无菌室、无菌箱的消毒。一般30W的紫外线杀菌灯可用于15m²的无菌室消毒,无菌箱内紫外线杀菌灯功率为15W,照射时间20~30min,有效照射距离为1m左右。对一些不耐热的器具(如塑料、橡胶制品)和化学药品可用紫外线照射消毒。

(2)γ射线灭菌。

^{60}Co等放射性元素可放射出γ射线,适用于不耐热物品和包装密封的物品的灭菌。医用的一次性塑料用品就是用^{60}Co照射灭菌的。将待灭菌的物品通过传送带通过^{60}Co的照射区即可达到灭菌。该法是较先进且彻底的灭菌方法,但适用范围有限,培养基不适于用此方法灭菌。

4)消毒

(1)巴氏消毒法。

巴氏消毒法是19世纪60年代由法国人巴斯德发明的,该方法采用较低的温度处理牛乳或其他液态饮料,杀死其中病原菌而又不损害营养与风味。如将牛奶、酒类等饮料快速升温至63℃,保持30min,或71℃保持15min,然后迅速冷却即可。

(2)煮沸消毒法。

将待灭菌的物品放入水中煮沸15min以上,可杀死致病菌营养细胞和部分芽孢。若延长时间或在水中加1%碳酸氢钠(或2%~5%的苯酚),灭菌效果更好。此法适用于注射器和解剖器械的消毒。

2. 化学法

应用能抑制或杀死微生物的化学制剂进行消毒灭菌的方法。能抑制微生物生长的化学制剂称为防腐剂。能杀死微生物的化学制剂称为化学消毒剂。小剂量的消毒剂即可起到防腐作用。化学消毒剂在杀死病原体的同时,对人体也有损害,故化学消毒剂只限外用。

消毒剂的作用原理是使菌体蛋白质变性或凝固;破坏和干扰细菌的酶系统,影响细菌代谢;改变细菌细胞膜的通透性,引起细胞破裂。

理想的消毒剂应具有杀菌力强、性质稳定、无刺激性气味、对人和畜无害、使用方便、易溶、价廉等特点。

化学消毒剂包括重金属盐类、卤素及其他氧化剂、表面活性剂和有机化合物(酚、醇、醛、酸等),常见的表面消毒剂见表1-6。

表 1 - 6　常用的表面消毒剂及其应用

类型	名称	常用浓度	应用范围
重金属盐类	升汞	0.05% ~0.1%	非金属物品和器皿
	红汞	2%	皮肤、粘膜、小伤口
	硝酸银	0.1% ~1%	皮肤、新生儿眼睛
	硫酸铜	0.1% ~0.5%	真菌、藻类
卤素及其化合物	氯气	0.2~0.5mg/L	饮水、游泳池水
	漂白粉	10% ~20%	地面
		0.5% ~1%	饮水、空气(喷雾)、体表
	氯胺	0.2% ~0.5%	室内空气(喷雾)、表面消毒
	碘酒	2.5%	皮肤
氧化剂	高锰酸钾	0.1%	皮肤、水果、蔬菜
	过氧化氢	3%	被污染物品表面
	过氧乙酸	0.2% ~0.5%	皮肤、塑料、玻璃、衣物
醇类	乙醇	70% ~75%	皮肤、器皿
酚类	石碳酸	3% ~5%	地面、家具、器皿
	煤酚皂液(来苏尔)	2%	皮肤
醛类	甲醛	0.5% ~10%	物品消毒、接种室熏蒸
酸类	醋酸	5~10mL/m²	房间熏蒸消毒
表面活性剂	新洁尔灭	0.05% ~1%	皮肤、粘膜、手术器械
染料	龙胆紫	2% ~4%	皮肤、伤口

任务五　活性污泥中细菌的纯种分离和平板计数

📖 学习内容

(1)平板划线分离活性污泥中的微生物并培养微生物,了解获得微生物纯培养的方法,并选择适当条件保藏菌种;

(2)稀释倒平板计数活性污泥中的好氧腐生菌,了解微生物生长的测定方法;

(3)微生物群体生长规律;

(4)微生物的产能代谢;

(5)微生物的遗传变异。

📖 工作内容

(1)平板划线分离活性污泥中的微生物,后斜面接种并培养;

(2)平皿菌落计数法进行活菌计数。

(3)观察、描述细菌菌落形态,了解微生物培养特征。

1. 准备仪器

培养箱、酒精灯、接种环、无菌1mL吸管、无菌锥形瓶(内有玻璃珠)、无菌培养皿。

2. 准备培养基

营养琼脂培养基、营养琼脂斜面培养基。

3. 准备材料

活性污泥实物、无菌水。

任务实施

(一)平板划线分离活性污泥中的微生物

1. 处理水样

取活性污泥水样放在无菌锥形瓶(内有玻璃珠)中,振荡20min,打散菌胶团。

2. 平板划线

在酒精灯旁,无菌操作,用接种环取混和均匀的活性污泥混合液,在肉膏蛋白胨琼脂培养基平板表面按图1-37划线。盖好皿盖。注上日期、编号。

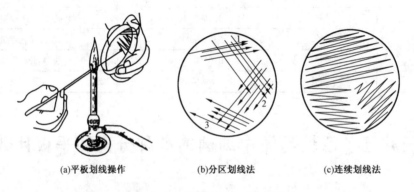

(a)平板划线操作　　　(b)分区划线法　　　(c)连续划线法

图1-37　平板划线方式与操作

3. 培养

将培养皿倒置于37℃恒温培养箱内培养24h,则平板上即长出菌落。

4. 观察

观察、描述菌落的形态,长出的菌落均为好氧腐生细菌。

(二)斜面接种

1. 接种

选取以上培养的稀疏处菌落,按图1-38所示接种,无菌操作以接种环在斜面培养基上呈"S"形连续划线接种,接种后盖上棉塞,灼烧接种环,注上日期、编号。

2. 培养

将接种的斜面培养基放于37℃恒温培养箱内培养,12h后取出为幼龄菌,一般培养16～18h,培养24h多为老龄菌。

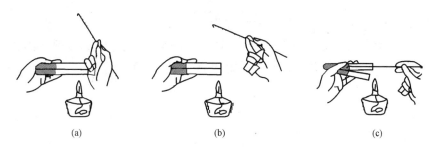

(a)	(b)	(c)

图 1－38　斜面接种

3. 观察

培养得到的菌苔为纯种。纪录菌苔形态，是否易于挑起。可革兰氏染色镜检。

（三）平皿菌落计数法活菌计数

1. 处理水样

取活性污泥水样放在无菌锥形瓶（内有玻璃珠）中，振荡20min，打散菌胶团。

2. 稀释水样

用无菌1mL吸管吸取1mL混合均匀的活性污泥悬浊液，转入含9mL无菌水的试管中，摇匀，得10^{-1}稀释度水样；另取一只无菌1mL吸管在10^{-1}稀释度水样中反复吹吸三次，然后吸取1mL，转入另一只含9mL无菌水的试管中，摇匀，得10^{-2}稀释度水样，同时用同一只吸管分别3次吸取10^{-1}稀释度水样1mL，分别转入3个无菌空培养皿中。以此法得10^{-3}、10^{-4}、10^{-5}稀释度水样，同时每个稀释度水样分别取1mL至3个无菌培养皿中，每个稀释度有3个平行样。在皿盖上注明稀释度、日期、编号。整个稀释过程必须在无菌室或酒精灯旁进行，保证无菌操作条件。稀释过程见图1－39。

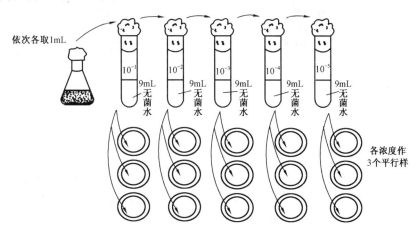

图 1－39　水样稀释和取样过程

3. 倒平板

在酒精灯旁，无菌操作，将融化好且冷却至48～50℃的肉膏蛋白胨琼脂培养基（约10～15mL），倒入盛有稀释液的培养皿中，加盖后马上在桌面轻轻的旋转，不可使培养基外溢或沾污培养皿壁，使培养基和稀释液混合均匀，待凝后即为平板。

4. 培养

冷凝后倒置于37℃恒温培养箱内培养，24～48h后观察。

5. 观察并计数

将不同稀释度培养皿中菌落数记下,50～100 个菌落/皿的较好,取 3 个平行样的平均值,乘以稀释倍数,即得出 1mL 活性污泥水样中好氧腐生细菌的活菌总数。

操作要求

1. 平板划线操作

如图 1－37 所示,无菌操作以右手持接种环,在酒精灯火焰中灼烧灭菌。在装有待分离材料的器皿内壁冷却片刻,取待分离材料。保持在酒精灯旁,左手持内有固体培养基平板的培养皿,用中指、无名指和小指托住皿底,拇指和食指夹住皿盖。靠近火焰,将培养皿稍倾斜,左手拇指和食指将皿盖掀起一些,右手持接种环在平板上轻轻地连续划线,环与平板平行,不要戳破平板。划线完毕,烧灼接种环。

2. 倒平板操作

如图 1－40,在火焰旁,右手持盛有融化好且冷却至 48～50℃的琼脂培养基的试管或锥形瓶,用左手将试管塞轻轻地拔出,试管口保持对着火焰。左手拿培养皿,并将皿盖在火焰附近打开一缝,右手迅速倒入培养基,加盖后马上在桌面轻轻地旋转,不可使培养基外溢或沾污培养皿壁,待凝后即为平板。

图 1－40　倒平板

相关知识

(一)微生物纯培养的获得方法

在自然界中微生物总是混杂在一起生活。要想研究或利用某一种微生物,必须把它从混杂的微生物群体中分离出来,以获得某一种微生物,其过程称为微生物的分离与纯化。在实验条件下,由一个细胞或同种细胞繁殖得到的后代称为纯培养。纯培养的获得主要有以下几种方法。

1. 平板划线分离法

用接种环以无菌操作沾取少许待分离的材料,在无菌培养基平板表面进行有规则的连续划线,微生物数量将随着划线而减少,并逐渐分散开来。如果划线适宜的话,微生物能一一分散,经培养后,可在培养基平板表面得到单独孤立的菌落,可视为纯培养。根据要求,可取单独菌落菌种,重复以上操作即可实现微生物的纯培养。

2. 稀释倒平板法

首先将待分离的材料用无菌水作一系列的稀释,得到 10^{-1}、10^{-2}、10^{-3}、10^{-4}……一系列稀释度。然后分别取不同稀释液少许,倾入灭过菌的培养皿中,与已溶化并冷却至45℃左右的琼脂培养基混合。待培养基凝固后,保温培养,即可长出菌落。如果稀释得当,在平板培养基中就可出现分散的单个菌落,这个菌落可能就是由一个细菌繁殖形成的。

3. 单细胞挑取法

采取显微分离法从待分离的材料中挑取单个细胞进行培养以获得纯培养。在显微镜下使用显微挑取器(特制的毛细吸管)选取单细胞,然后转移到合适的培养基中进行培养。此法对操作技术要求较高,多限于微生物研究。

4. 利用选择培养基分离法

各种微生物对不同的化学试剂(如消毒剂、染料、抗生素等)具有不同的抵抗能力。利用可适合某种微生物生长而抑制其他微生物生长的选择培养基,以获得某种微生物的纯培养。

另外,还可以将样品预处理,去除不需要的微生物。如加热杀死营养体而保留芽孢、过滤去除菌丝体而保留单孢子等。

(二)微生物生长的测定方法

微生物个体的生长很难测定,且实际应用意义不大,因此微生物生长测定是指测定群体的生长量。微生物生长的测定方法有计数法和测定细胞或原生质总量法。

1. 计数法

此法通常用来测定细菌、微型藻类、酵母菌等单细胞微生物,分为直接计数法和间接计数法两类。

1)直接计数法

(1)涂片计数法。

将已知容积的细菌悬液(如0.01mL),均匀涂于载玻片上,经固定、染色后,镜下观察计数,从而得知每mL原液中的细菌数。

(2)计数器计数法。

利用特制的细菌计数器或红血球计数板,在显微镜下计算一定容积样品中微生物的数量。计数板是一块特制的载玻片,上面有一个特定的面积1mm² 和高0.1mm的计数室,在1mm²的面积里又被刻划成16个(或25个)中格,每个中格进一步划分成25个(或16个)小格,计数室由400个小格组成,见图1–41。

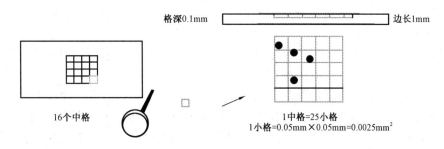

图1–41 计数器规格

将细菌悬液滴在计数室内,盖上盖玻片,然后在显微镜下计数5个中格内的细菌数,并求出每个小格所含细菌的平均数,再按下面公式求出每毫升样品所含的细菌数。

每毫升原液所含细菌数 = 每小格平均细菌数 × 400 × 10 × 1000 × 稀释倍数

一般而言,数 125 个小格内的菌数。例如 5 个中格内有 125 个小格,计数 125 个小格中有 90 个细菌,每毫升样品中的细菌数是:

$$(90 ÷ 125) × 400 × 10 × 1000 = 2.88 × 10^6 (个/mL)$$

这一方法适于测定个体较大的细菌、原生动物及微型藻类。细菌个体若太小、过多,由于每一小格中细菌层层叠加,相互遮挡,难以准确计数。

(3)比例计数法。

此法利用已知红血细胞数的血液,根据细菌与红血细胞的比例计算细菌数。首先将样品菌液与等体积的血液混合涂片,后显微镜下观察测定细菌数与红血细胞数的比例,最后计算出每毫升样品中的细菌数。已知男性红血球数为 400~500 万个/mL,女性红血球数为 350~450 万个/mL,平均 400 万个/mL。

例如,如果平均每个视野中细菌数量与红血球的数量比例为 5.5:1,则:

样品中细菌数量 = 5.5 × 400(万个/mL) = 2.2 × 10^7(个/mL)

(4)比浊计数法。

比浊法是利用细菌菌体透光率低,一定范围内菌溶液的混浊度与菌数量成正比,细菌悬液的透光度可以反映细菌的浓度这一特性,借助浊度计或分光光度计测定细菌悬液浊度。测量时一定要将细菌数量控制在与菌液浊度成正比的线性范围内,作出标准曲线,然后测定待测菌悬液的浊度,根据标准曲线得出细菌数量。浓度太大或含有其他物质的样品不宜用此法测定。

可见,直接计数法优点是设备简单,能迅速得到结果,同时能观察到细菌的形态特征。但此法不能区分死菌和活菌,所测结果是总菌数。

2)间接计数法

此法又称活菌计数法,是利用每个活菌在适宜的条件下生长可形成菌落的特性而实现的。间接计数法主要有以下两种。

(1)稀释平皿计数法。

无菌操作将待测样品经一系列 10 倍稀释后,选择三个稀释度的菌液,分别取一定量(1mL)倾入无菌培养皿中,再倒入适量的已熔化并冷至 45℃左右的琼脂培养基,与菌液混匀,待凝固后,放入适宜温度的培养箱中培养,长出菌落后,计数,可计算出原菌液中的细菌数。

此法还可以将稀释的菌液取一定量加到已制备好的平板上,然后用无菌涂棒将菌液均匀涂布整个平板表面,经培养后计菌落数。

此法因操作或培养基温度过高等原因常造成结果不稳定,但仍是最常用的一种活菌计数法,常用于测定土壤、水、牛奶、食品中所含细菌、酵母菌的数量。

例如,10^{-5} 稀释度时菌落数为 65 个,细菌数量 = 65/10^{-5} = 6.5 × 10^6(个/mL)。

此法因操作或培养基温度过高等原因造成结果不稳定,但仍是最常用的一种活菌计数法,常用于测定土壤、水、牛奶、食品中所含细菌、酵母菌的数量。注意作空白及取平行样(2~3个)。平板计数法是国标法水中细菌总数的测定方法。

(2)薄膜计数法。

薄膜计数法也称膜滤法。膜过滤法是当样品中菌数很低时,可以将一定体积的样品通过膜过滤器的多孔性硝化纤维薄膜(孔径0.45μm),然后将薄膜与其上过滤的细菌一起放在培养基上培养,计数形成的菌落数,从而计算样品中的含菌数。此法适于测定量大且含菌少的样品,可用于测定空气或水体中的含菌数,如结合鉴别培养基测定水中大肠杆菌的数量。

2. 重量法

此法可用于单细胞、多细胞以及丝状微生物生长的测定。将一定体积的样品离心或过滤,将菌体分离出来,经洗涤,再离心后直接称重,即为湿重。将离心后的样品于105℃烘干至恒重,取出放入干燥器内冷却,再称量,即为干重。细菌的湿重量为$10^{-15} \sim 10^{-11}$g/个细胞,干重约为湿重的10%~20%。

如果要测定固体培养基上生长的放线菌或丝状真菌,可先将培养基加热至50℃,使琼脂熔化,过滤得菌丝体,再用50℃的生理盐水洗涤菌丝,然后按上述方法求出菌丝体的湿重或干重。

此外,还可以通过测定细胞中蛋白质或DNA的含量反映细胞物质的量。

3. 生理指标法

对于一些液态的样品,要测定微生物数量除了用活菌计数法外,还可以用生理指标测定法进行测定。生理指标包括微生物的呼吸强度、耗氧量、酶活性、代谢产物、生物热等。

样品中微生物数量越多或生长越旺盛,生理指标变化愈明显,因此可以借助特定的仪器(如瓦勃氏呼吸仪等设备)来测定相应的指标。这类测定方法主要用于微生物研究,分析微生物生理活性等。

(三)微生物培养特征

1. 细菌的培养特征

1)细菌在固体培养基上的培养特征

细菌在固体培养基上的培养特征即菌落特征。所谓菌落,是由单个细菌细胞在固体培养基上迅速繁殖形成的具有一定形态特征的子细胞群体。

不同细菌的菌落特征不同,故菌落特征是细菌分类鉴定的依据。菌落特征包括大小、表面形状(圆形、假根状、不规则形)、隆起形状(扁平、台状、凸起、脐状、乳头状)、边缘形状(整齐、波浪、锯齿、裂叶状)、表面状况(光滑、皱褶、颗粒、龟裂状、同心环)、表面光泽(闪光、无光泽、金属光泽)、质地(软、硬、粘稠、致密、疏松)、颜色、透明度等,见图1-42。

菌落形态受培养条件、培养时间的影响,特别是受培养基成分影响较大。一般在培养1~3天后观察。观察菌落时须选择稀疏孤立菌落。

在斜面固体培养基上划线接种的培养结果称菌苔。菌苔特征包括隆起形状、表面形状、表面光泽、颜色、质地等。不同细菌,菌苔特征各不相同。

2)细菌在半固体培养基上的培养特征

用穿刺接种技术将细菌接种在半固体培养基中培养,可根据生长状况判断细菌的呼吸类型和运动能力。如果细菌在培养基中的表面及穿刺线上部生长,则为好氧菌;如果沿着穿刺线自上而下生长,则为兼性菌;若只在穿刺线下部生长,则为厌氧菌。如果细菌只沿着穿刺线生长,则为无鞭毛、不运动的细菌;若不但沿着穿刺线生长,且在穿刺线周围扩散生长,则为有鞭毛、能运动的细菌。

2. 放线菌的菌落特征

放线菌的菌落由一团有分枝的菌丝形成,小而不蔓延。肉眼观察菌落表面呈紧密的绒状

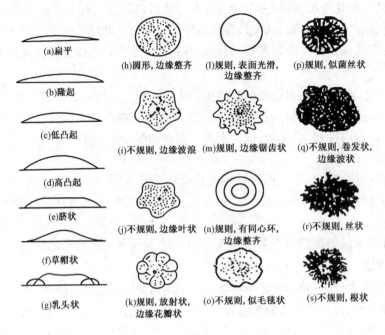

(a)扁平

(b)隆起

(c)低凸起

(d)高凸起

(e)脐状

(f)草帽状

(g)乳头状

(h)圆形,边缘整齐

(i)不规则,边缘波浪

(j)不规则,边缘叶状

(k)规则,放射状,
边缘花瓣状

(l)规则,表面光滑,
边缘整齐,

(m)规则,边缘锯齿状

(n)规则,有同心环,
边缘整齐

(o)不规则,似毛毯状

(p)规则,似菌丝状

(q)不规则,卷发状,
边缘波状

(r)不规则,丝状

(s)不规则,根状

图 1-42　细菌菌落特征

或干硬皱褶状。菌落质地致密,放线菌的基内菌丝伸入培养基内,与培养基结合紧密,一般不易挑起或整个菌落被挑起后不易破碎,少数质地松散、易被挑起。菌落常具有不同颜色,且菌落正面、背面常呈不同颜色,正面是孢子的颜色,背面是基内菌丝的颜色。

3. 酵母菌的菌落特征

酵母菌的菌落与细菌的菌落相似,但比细菌菌落大而厚实,表面光滑、湿润、粘稠,易挑起。培养时间过长有些种类菌落表面形成皱褶。菌落颜色多数为乳白色,少数为红色,个别是黑色。

4. 霉菌的菌落特征

霉菌菌落与放线菌菌落一样,由分枝状的菌丝组成。由于霉菌菌丝较放线菌菌丝粗且长,故菌落大而疏松,呈绒毛状、絮状或蜘蛛网状,一般比放线菌、细菌菌落大几倍到几十倍,可蔓延至整个培养基。较放线菌易挑起。由于霉菌孢子具有不同颜色和形状,故菌落表面呈现不同色泽和形态。

（四）微生物群体生长规律

微生物的生长包括个体生长和群体生长,研究微生物个体生长既困难又无实际价值,故对微生物生长的研究是指通过培养,研究群体的生长。

将少量微生物纯培养菌种接种到一定体积的新鲜液体培养基中,在适宜条件下培养,称为分批培养。在培养过程中定时测定菌体数量。以时间为横坐标,以菌体数的对数为纵坐标,绘成的曲线称为生长曲线。生长曲线反映了微生物在新的适宜环境中从开始生长繁殖到衰老死亡的动态过程。各种微生物的生长速度虽然不同,但在分批培养中却表现出类似的生长规律,下面以细菌的纯种培养为例,介绍微生物群体生长规律。

根据细菌生长繁殖速度不同将生长过程分为四个时期,如图 1-43 所示。

1. 延迟期

延迟期又称延滞期、停滞期、滞留适应期。细菌接种到新鲜培养基中,并不马上分裂,数量不变甚至减少。需要一段时间适应环境，诱导合成相应的酶，进行营养储备。菌体代谢活跃，个体体积增大，重量增加，对外界不良条件反应敏感。

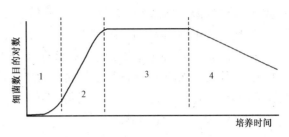

图1-43　细菌生长曲线
1—延迟期;2—对数生长期;3—稳定期;4—衰亡期

菌种本身的遗传特性、菌龄、培养条件和接种量会影响迟缓期的长短，可以是几分钟至几小时。生产上采用使用处于对数期的高效菌种、增大接种量、尽量保持接种前后所处的培养介质和条件一致等方法来缩短迟缓期。

2. 对数生长期

对数生长期又称指数期。这个时期细胞代谢活性最强，繁殖速度最快，代谢时间最短，酶活性高而稳定，菌体大小比较一致。此时期的微生物已经适应了环境，在营养丰富的条件下，其生长繁殖不受底物限制，微生物繁殖速率达到最大，细菌数量以几何级数增加，菌体数量的对数值与培养时间呈线性关系。

3. 稳定期

稳定期又称恒定期、静止期。细菌繁殖速率降低，细菌死亡数目增加，直至细菌分裂增加的数目等于细菌死亡的数目，细菌数目保持稳定，并达到最大数目，代谢产物的积累显著增多。在生产上，稳定期是最佳收获期。

稳定期菌体开始储存异染颗粒、糖原、淀粉、聚 - β - 羟丁酸等储藏物，多数芽孢菌在此时期形成芽孢。如果及时采取措施，补充营养物质或取走代谢产物或改善培养条件，可以延长稳定期，获得更多的菌体物质或代谢产物。

4. 衰亡期

在衰亡期，营养物质耗尽和有毒代谢产物的大量积累，细菌死亡速率逐步增加，而细菌繁殖速率降为零，活菌数急剧减少。此时活菌数以几何级数下降，菌体数的对数与培养时间成反比。

该时期细菌代谢活性降低，常出现畸形、性能的改变，后期常出现自溶现象。

(五)微生物的产能代谢

1. 代谢的基本概念

所谓代谢即是新陈代谢，包括合成代谢和分解代谢，是活细胞中进行的所有化学反应的总称。微生物把简单的小分子物质合成复杂大分子，并贮存能量的过程，称为合成代谢，又称同化作用。微生物将细胞中的大分子物质降解为小分子物质，并释放能量的过程，称为分解代谢，又称异化作用。同化作用所利用的小分子来源于分解代谢的产物和环境中吸收的营养物质。分解代谢产生的化学能除用于合成代谢外，还用于微生物的运动、摄食和物质运输，还有部分能量以热和光的形式耗散在环境中。

同化作用和异化作用是偶联进行的，同化作用是异化作用的基础，异化作用为同化作用提供能量和原料，二者紧密联系，既对立又统一。与能量有关的代谢称为产能代谢。

2. 微生物生长的能量来源

任何生物获得生命活动必需的能量只有两种方式。一种是通过细胞中的光合色素由光能中获得,这样的微生物称为光合微生物或光能微生物。另一种是通过生物的氧化反应产生化学能,这样的微生物称为化能微生物。

两种方式获得的能量,均以化学键能的形式储存在三磷酸腺嘌呤核苷(又称三磷酸腺苷,ATP)中,ATP 是生物体内能量利用和储存的主要物质。三磷酸腺苷脱去一个磷酸即生成二磷酸腺苷(ADP),每摩尔高能磷酸键含键能 50.2kJ。

ATP 与 ADP 的转化如下:

$$光能或化学能 + ADP + 磷酸 \longrightarrow ATP \qquad (ATP 的生成)$$

$$ATP \longrightarrow ADP + 磷酸 + 生物可直接利用的能量 \qquad (ATP 的利用)$$

大部分微生物只能从物质的氧化中获取能量生成 ATP,即为化能微生物。

3. 微生物的呼吸作用

生物将物质氧化的过程,称为生物氧化作用,即呼吸作用。

生物的氧化还原反应可用下列通式表示:

$$AH_2 + B \longrightarrow A + BH_2$$

其中氧化反应和还原反应为:

$$AH_2 \longrightarrow 2H^+ + 2e + A \qquad (氧化反应)$$

$$B + 2H^+ + 2e \longrightarrow BH_2 \qquad (还原反应)$$

AH_2 是电子供体、被氧化,即"燃料"或"基质"或"底物"。AH_2 为无机物,则是自养;AH_2 为有机物,则是异养。

B 是最终电子受体、氧化剂。B 为分子氧,即为有氧呼吸;B 为无机氧化物,即为无氧呼吸;B 为有机物,即为发酵。由此可见,生物氧化不一定有氧气参加。

呼吸作用有三种类型,就是根据生物氧化作用中的最终电子受体(上式中的 B)不同划分的,即发酵、有氧呼吸和无氧呼吸。

1)发酵

发酵过程是指被氧化的基质是有机物,最终电子受体是基质未彻底氧化的有机物。故发酵这一呼吸作用的基质氧化不彻底,积累有机物,产能水平低。根据发酵产物的不同,有不同的发酵类型(图 1-44)。本书主要介绍乳酸发酵和乙醇发酵两种类型。

(1)乳酸发酵。

以乳酸菌利用葡萄糖(异养)积累乳酸为例(提示:乳酸菌是耐氧性厌氧菌,有氧无氧均行发酵,产生乳酸),其过程如下。

① 糖酵解:是从葡萄糖分解成丙酮酸的过程,不需要分子氧,故称糖酵解,也称 EMP 途径。糖酵解过程是葡萄糖分解的主要途径之一,是所有生物进行葡萄糖代谢的途径。

糖酵解的过程:葡萄糖 $\longrightarrow$ 1,6 - 二磷酸果糖 $\longrightarrow$ 三碳化合物 $\longrightarrow$ 1,3 - 二磷酸甘油酸 $\longrightarrow$ 3 - 磷酸甘油酸 $\longrightarrow$ 2 - 磷酸甘油酸 $\longrightarrow$ 磷酸烯醇式丙酮酸 $\longrightarrow$ 丙酮酸($CH_3COCOOH$)。此过程释放出的电子传至烟酰胺腺嘌呤二核苷酸(NAD)。

糖酵解的总反应式为(此处 Pi 为磷酸基团,下文同):

$$C_6H_{12}O_6 + 2ADP + 2Pi + 2NAD \longrightarrow 2CH_3COCOOH + 2ATP + 2NADH_2$$

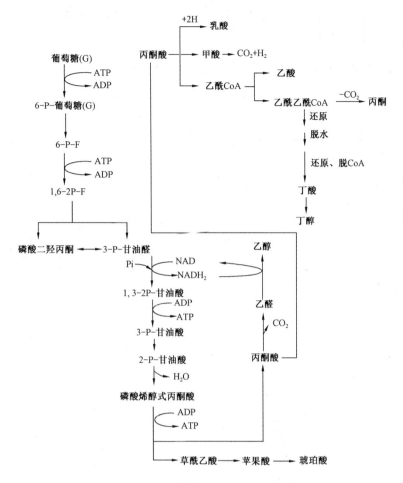

图 1-44 葡萄糖发酵的不同类型

② 生成乳酸:这一过程的最终电子受体是丙酮酸。还原型烟酰胺腺嘌呤二核苷酸(NADH$_2$)将接受的电子传至丙酮酸。

$$2CH_3COCOOH + 2NADH_2 \longrightarrow 2CH_3CHOHCOOH(乳酸) + 2NAD$$

乳酸发酵的总反应式为:

$$C_6H_{12}O_6 + 2ADP + 2Pi \longrightarrow 2CH_3CHOHCOOH + 2ATP$$

可见,1mol 葡萄糖经乳酸菌乳酸发酵,可生成 2mol 乳酸和 2molATP。

(2)乙醇发酵。

酵母菌是典型代表(提示:酵母菌是兼性好氧菌)。以酵母菌利用葡萄糖(底物)在缺氧条件下,积累乙醇为例。其过程如下。

① 糖酵解:

$$C_6H_{12}O_6 + 2ADP + 2Pi + 2NAD \longrightarrow 2CH_3COCOOH + 2ATP + 2NADH_2$$

② 生成乙醇:这一过程的最终电子受体是乙醛。首先丙酮酸脱羧,生成乙醛。

$$2CH_3COCOOH \longrightarrow 2CH_3CHO(乙醛) + 2CO_2$$

$$2CH_3CHO + 2NADH_2 \longrightarrow 2CH_3CH_2OH + 2NAD$$

乙醇发酵的总反应式为：

$$C_6H_{12}O_6 + 2ADP + 2Pi \longrightarrow 2CH_3CH_2OH + 2ATP + 2CO_2$$

可见，1mol 葡萄糖经酵母菌乙醇发酵，可生成 2mol 乙醇和 2mol ATP，同时产生 2mol CO_2。

2）有氧呼吸

以分子氧为最终电子受体的生物氧化作用，称为有氧呼吸，也称为好氧呼吸。

（1）以有机物为基质（异养）。

化能异养微生物以有机物为氧化基质进行有氧呼吸。本文以葡萄糖氧化为例对此过程进行说明。

首先葡萄糖经糖酵解途径氧化降解为丙酮酸，然后丙酮酸经氧化脱羧转化成乙酰辅酶 A，进入三羧酸循环（TCA 循环）（图 1-45），被彻底氧化分解为 CO_2 和 H_2O。此过程底物氧化释放出的电子通过电子传递链最后传递至分子氧，氧得到电子被还原，与底物脱下的 H^+ 结合生成 H_2O。在电子传递过程中释放的化学能生成 ATP。

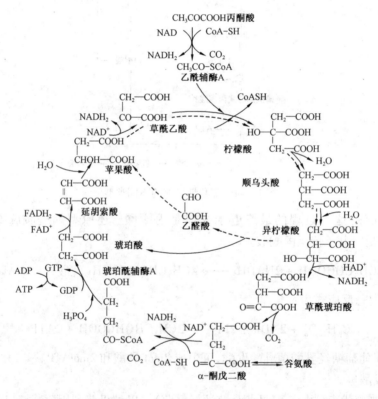

图 1-45　三羧酸循环过程

1mol 葡萄糖经有氧呼吸生成 38mol ATP。

葡萄糖有氧呼吸过程可表示为：

$$C_6H_{12}O_6（葡萄糖）\longrightarrow 2CH_3COCOOH（丙酮酸）+ 2ATP \longrightarrow 6CO_2 + 6H_2O + 36ATP$$

（糖酵解，不需 O_2）　　　　　　　　　（TCA 循环，需 O_2）

葡萄糖有氧呼吸的总反应式为：

$$C_6H_{12}O_6 + 6O_2 + 38ADP + 38Pi \longrightarrow 6CO_2 + 6H_2O + 38ATP$$

（2）以无机物为基质（自养）。

大多数微生物有氧呼吸的底物是有机物，但有一些细菌可以氧化还原态的无机化合物，包括：

① 硝化细菌：将低氧化态的氮（NH_3、N_2、NO_2^-）氧化为高氧化态的 NO_3^- 的过程称为硝化作用，具有硝化作用的细菌称为硝化细菌。硝化作用如：

$$2NH_3 + 3O_2 \longrightarrow 2HNO_2 + 2H_2O + 545.12kJ$$

$$2HNO_2 + O_2 \longrightarrow 2HNO_3 + 151.56kJ$$

② 硫化细菌：将低氧化态的硫（H_2S、S、SO_3^{2-}、$S_2O_3^{2-}$）氧化为 SO_4^{2-} 的过程称为硫化作用，具有硫化作用的细菌称为硫化细菌。硫化作用如：

$$H_2S + O_2 \longrightarrow 2S + 2H_2O + 419.52kJ$$

$$2S + 2H_2O + 3O_2 \longrightarrow 2SO_4^{2-} + 4H^+ + 1254.37kJ$$

$$S_2O_3^{2-} + H_2O + 2O_2 \longrightarrow 2SO_4^{2-} + 2II^+ + Q$$

③ 氢细菌：能将 H_2 氧化为 H_2O 的细菌称为氢细菌，有：

$$2H_2 + O_2 \longrightarrow 2H_2O + 474.78kJ$$

有氧呼吸分为外源性呼吸和内源性呼吸。正常情况下，微生物利用从外界获得的能源物质进行的呼吸，称外源性呼吸，通常所说的呼吸即是指外源性呼吸。如果外界没有供给能源物质，微生物利用自身细胞内贮存的有机物质，如多糖、异染粒、聚 - β - 羟丁酸等进行呼吸，称内源性呼吸。含有丰富营养的细胞内源呼吸速度高，饥饿细胞的内源呼吸速度很低。

有氧呼吸能否进行，取决于 O_2 的体积分数，微生物环境中 O_2 达到 0.2% 或 0.2% 以上，可以进行有氧呼吸，达不到，则无法进行有氧呼吸。

3）无氧呼吸

以某些无机氧化物（NO_3^-、NO_2^-、SO_4^{2-}、SO_3^{2-}、$S_2O_3^{2-}$、CO_2）为最终电子受体的生物氧化作用，称为无氧呼吸。无氧呼吸中被氧化的底物多为有机物，如葡萄糖、乙酸、乙醇、乳酸等，被彻底氧化成 CO_2，同时产生 ATP。

（1）反硝化作用（硝酸盐还原作用）。

NO_3^- 或 NO_2^- 作最终电子受体氧化底物的同时，自身被还原为 NO_2^- 或 N_2 的过程，称为反硝化作用或硝酸盐还原作用，最终生成 N_2 的过程又称脱氮作用。

假单胞菌属和某些芽孢杆菌属能进行反硝化作用，可以氧化有机物，也可以氧化无机氮（如 NH_3、H_2），反应过程如下：

$$C_6H_{12}O_6 + 4NO_3^- \longrightarrow 2N_2 \uparrow + 6CO_2 + 6H_2O + 1756kJ$$

$$5CH_3COOH + 8NO_3^- \longrightarrow 10CO_2 + 6H_2O + 4N_2 \uparrow + 8OH^- + Q$$

$$2CH_3OH + 2NO_3^- \longrightarrow 2CO_2 + 4H_2O + N_2 \uparrow + Q$$

$$4NH_3 + 2NO_3^- \longrightarrow 6H_2O + 3N_2 \uparrow + Q$$

$$6H_2 + 2NO_3^- \longrightarrow 6H_2O + N_2 \uparrow + Q$$

反硝化硫杆菌在厌氧条件下,能将硫氧化为 SO_4^{2-}。

$$5S + 6NO_3^- + 2H_2O \longrightarrow 5SO_4^{2-} + 3N_2 \uparrow + 4H^+$$

(2)反硫化作用(硫酸盐还原作用)。

以 SO_4^{2-}、SO_3^{2-}、$S_2O_3^{2-}$ 为最终电子受体氧化底物的同时,自身被还原为 H_2S 的过程,称为反硫化作用或硫酸盐还原作用。如脱硫弧菌常以乳酸为氧化基质,但氧化不彻底,积累有机物。

$$2CH_3CHOHCOOH + H_2SO_4 \longrightarrow 2CH_3COOH + 2CO_2 + 2H_2O + H_2S$$

废水厌氧处理中,硫酸盐还原菌产生的 H_2S 溶于水,对产甲烷菌有毒性,所以 SO_4^{2-} 的存在会影响甚至破坏废水厌氧处理效果。同时 H_2S 也表现为 COD,影响处理效果。

(3)碳酸盐还原作用。

以 CO_2 为最终电子受体的生物氧化作用称为碳酸盐还原作用。产甲烷菌利用甲醇、乙醇、乙酸、氢等为氧化底物,CO_2 被还原成 CH_4,又称为甲烷发酵作用。

$$2CH_3CH_2OH + CO_2 \longrightarrow CH_4 + 2CH_3COOH$$

$$4H_2 + CO_2 \longrightarrow CH_4 + 2H_2O$$

产甲烷菌是废水厌氧处理中关键菌种,其能否正常生长,是厌氧处理工艺的控制重点。三种呼吸类型比较见表 1-7。

表 1-7　三种呼吸类型的比较

呼吸类型	最终电子受体	环境条件	底物	产物	产能水平
发酵作用	有机物	有氧或无氧	有机物	各类有机物、CO_2、CH_4、H_2S、NH_3	最低
有氧呼吸	O_2	有氧	有机物或无机物	SO_4^{2-}、CO_2、H_2O、NO_3^-	最高
无氧呼吸	某些含氧化合物 NO_3^-、SO_4^{2-}、CO_2	无氧	有机物或无机物	CO_2、CH_4、N_2、H_2S、NH_3	中等

(六)微生物的遗传变异

遗传和变异是生物的特征。子代与亲代相似的现象,称为遗传。亲代与子代之间、或子代各个体之间存在差异的现象,称为变异。遗传是相对的,变异是绝对的。微生物的变异包括个体形态的变异,菌落形态的变异,营养要求的变异,对温度、pH 要求的变异,抗毒能力的变异,生理生化特性的变异及代谢产物的变异等。

1. 遗传变异的物质基础

除少数病毒遗传物质为核糖核酸(RNA)外,其余微生物的遗传物质均为脱氧核糖核酸(DNA)。

1）DNA 结构

DNA 分子的基本单位是脱氧核苷酸（脱氧核糖核苷酸）。1 分子脱氧核苷酸由 1 分子脱氧核糖、1 分子磷酸、1 分子碱基构成。碱基有 4 种，即腺嘌呤（A）、鸟嘌呤（G）、胞嘧啶（C）和胸腺嘧啶（T）。相邻脱氧核糖核苷酸通过磷酸二酯键相连，形成单链，构成基本骨架。单链间碱基通过氢键按 A – T、C – G 配对，形成双螺旋结构，每个螺旋有 10 对碱基，见图 1 – 46。

2）DNA 的复制

DNA 的复制为半保留复制。以 DNA 的双链的一条链作为模板，按碱基配对原则生成另一条新的链，构成新的双螺旋结构，新生成的单链的碱基序列和原来的另一条链完全相同，原来的另一条链同样可以作为模板进行半保留复制。每个新的 DNA 双链有一条原来的链和一条新合成的链。

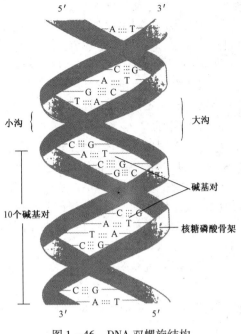

图 1 – 46　DNA 双螺旋结构

3）基因

基因是遗传物质的功能和结构单位，是有特定脱氧核苷酸排列顺序的 DNA 片段。基因不同，则 DNA 片段上的碱基排列顺序不同。DNA 的半保留精确复制保证了遗传信息的遗传。不同生物种类各有自己特定的基因库。

2. 基因突变

基因突变是指生物体内遗传物质分子结构突然发生的可遗传的变化。

1）基因突变的特点

（1）自发性。在没有诱发因素的情况下，可以在自然条件下自发地产生。

（2）稀有性。自发性突变率极低，一般在 $10^{-9} \sim 10^{-6}$ 之间。

（3）诱变性。在诱变因素的作用下，突变率可以提高 $10 \sim 10^{5}$ 倍。

（4）不对应性。突变性状与引起突变的原因间无直接对应关系。例如，在低温环境中，除产生抗低温的突变个体外，还可产生其他性状的变异个体。

（5）稳定性。基因突变是遗传物质结构的改变，故基因突变后的新性状是稳定的，可遗传的。

（6）独立性。某一基因的突变，不影响其他基因突变的可能性和突变率。各种基因都可能发生突变，但彼此之间独立进行，互无关联。

（7）可逆性。由原始的野生型基因可以突变为突变型基因，此过程为正向突变，相反突变型的基因也可以突变为原来的野生型基因，称为回复突变。任何性状既有可能正向突变，也可发生回复突变。

2）基因突变的类型

（1）自发突变，即在自然条件下发生的基因突变。

（2）诱发突变，即利用各种物理、化学诱发因素的作用而引起的基因突变。

① 物理诱变：利用物理因素引起的基因突变，称为物理诱变。物理诱变因素有紫外线、X

射线、γ 射线、激光及加热等。

② 化学诱变:利用化学物质引起的基因突变或染色体畸变的,称为化学诱变。化学诱变剂如亚硝酸盐、重金属离子、高分子化合物、生物碱药物、染料及过氧化物等。

③ 定向培育:定向培育指利用各种诱变剂处理微生物细胞,提高基因突变率,通过一定的筛选方法获得所需要的高产优质菌株。定向培育是利用微生物为人类服务的有效途径,如废水生物处理中用定向培育(即驯化)的方法培育菌种。

3. 基因重组

把两个不同性状个体内的基因转移到一起,使基因重新组合,形成新遗传性状个体的方式,称为基因重组。基因重组可通过转化、转导、杂交等方法实现。

转化是指把供体菌的 DNA 片段,整合到受体菌的基因组中,使受体菌得到供体菌的部分遗传性状。原核生物中,转化较普遍存在。

转导是指以噬菌体为媒介,把供体菌的 DNA 片段携带至受体菌中,使受体菌得到供体菌的部分遗传性状。

杂交是指通过双亲细胞的融合或沟通,使整套或部分的基因重组,以获得新品种。

基因突变是基因内部结构改变,它能产生新的基因。而基因重组是控制不同性状的基因重新组合,不产生新基因,可形成新的基因型。

4. 基因工程

基因工程是指在离体条件下,利用酶对供体 DNA 分子进行人工"剪切",与作为载体的 DNA 分子"拼接",然后导入受体细胞,使之正常复制并表达,从而获得新物种。基因工程技术又叫做基因拼接技术或 DNA 重组技术,是 20 世纪 70 年代发展起来的育种新技术,操作主要包括基因分离、体外重组、载体传递、复制、表达、筛选及繁殖等,产生的新菌种称为基因工程菌,可产生出人类所需要的新的生物种类。

(七)菌种的退化与保藏

1. 菌种退化

1)菌种退化的概念

变异包括正变(进化性变异)和负变(退化性变异)。进化性变异是个别的,退化性变异是大量的。菌种退化是指负变的个体占到一定数量后表现出的菌种性能下降的现象。菌种退化是由负变引起的,是发生在微生物群体中的从量变到质变的过程。故所谓的"纯"的菌种,并不是绝对的纯种,已含有不纯个体。同样,退化了的菌种中还有少数尚未退化的个体存在。

菌种的衰退表现在形态上和生理上。形态上常有分生孢子减少或颜色改变,甚至变形,如放线菌和霉菌在斜面上经多次传代后产生了"光秃"型,从而造成生产上用孢子接种的困难;生理上常指代谢水平降低,产量下降。

2)防止菌种衰退的措施

(1)控制传代次数,尽量避免移种和传代,减少发生突变的概率。

(2)创造良好的培养条件,创造适合原种的生长条件。例如,生物处理中筛选的优良菌种定期用原废水培养和保存,可防止其退化。

(3)利用不同类型的细胞进行接种传代。放线菌和霉菌菌丝常多核,而孢子一般是单核的,故用孢子接种可有效减缓衰退。

(4)采用有效的菌种保藏方法,可大大减少传代次数。

2. 菌种的保藏

菌种是重要的生物资源,菌种保藏是微生物工作的基础。菌种保藏目的是使菌种不死亡、不衰退、不污染，并保持优良性状。菌种保藏的关键是降低菌种突变率。保藏菌种时必须选用典型优良纯种，且要尽可能保藏芽孢或孢子，使微生物处于最低代谢水平，尽可能减少传代次数。菌种保藏主要有以下方法。

1）斜面低温保藏法

斜面低温保藏法即将菌种在适宜温度下的斜面培养基上培养，如是产芽孢的细菌或产孢子的放线菌和霉菌，要等芽孢和孢子生成后，放入 4~5℃ 冰箱中保存，并定期传代（一般 3~5个月移植一次）。此法是实验室菌种保藏最常用的方法，适用于保藏细菌、放线菌、酵母菌及霉菌等。

此法的优点是操作简单，不需特殊设备。缺点是保藏时间短，经多次转接后，遗传性状减退。

2）半固体穿刺保藏法

半固体穿刺接种法将菌种接种至半固体培养基的中央部分，在适宜温度下培养，后置 4~5℃ 冰箱中保存，半年至一年移植 1 次。此法适于保藏兼性厌氧细菌或酵母菌。

3）液体石蜡保藏法

在菌种斜面上注入一层无菌的液体石蜡（高于斜面顶端 1cm 左右），垂直放入 4~5℃ 冰箱中保存。液体石蜡主要起隔绝空气的作用，同时减少培养基水分的蒸发。此法一般可保藏二至三年，主要适用于霉菌、酵母菌、放线菌的保存。

4）含油培养物保藏法

含油培养物保藏法是在新鲜菌液中加入 15% 已灭菌的甘油后，置于 -70~-20℃ 冰箱中保藏。甘油作为保护剂，主要起防止细胞脱水的作用。在基因工程中，此法常用于保藏大肠杆菌，可保藏半年至一年。

5）沙土管保藏法

取洗净的细土和河沙按 1:4 混合，装入小试管中（装入量约 1cm 高），塞上棉塞，高压蒸汽灭菌，制成沙土管。将待保藏菌种斜面接种，培养后制成菌悬液，将菌悬液滴入沙土管中。将沙土管置于真空干燥器中，抽真空吸干沙土管中水分后，置于 4℃ 冰箱中保藏。

此法利用缺氧、干燥、缺乏营养、低温等综合因素抑制微生物繁殖，仅适用于保藏产芽孢或孢子的微生物，保藏时间可达数年。

6）冷冻真空干燥保藏法

将待保藏菌种斜面接种并培养，吸取灭菌的脱脂牛奶至菌种斜面上，使菌悬浮在牛奶中。将制成的菌悬液分装在安瓿管中，放于 -45~-35℃ 冰箱中速冻，使菌悬液结成冰。然后真空干燥，除去大部分水分，最后封口。脱脂牛奶起保护剂的作用，防止细胞膜受冻伤。

此法是最佳的微生物菌体保存法之一，保存时间长（可达 10 年以上），缺点是操作麻烦、需要条件高。

7）液氮超低温冷冻保藏法

将微生物细胞悬浮于含保护剂的液体培养基中，或把带菌琼脂块直接浸没于含保护剂的液体培养基中，在液氮（-196℃）超低温环境下保藏。保护剂常用 10% 的甘油或 10% 的二甲基亚砜。

此法是目前最理想的菌种保藏方法，适于各种微生物的保藏，时间可达数十年。此法是国外菌种保藏机构的常规保藏方法，我国许多菌种保藏机构也采用此法保藏菌种。

任务六 活性污泥微生物的革兰氏染色

学习内容
(1)革兰氏染色方法;
(2)革兰氏阳性菌与革兰氏阴性菌的区别。

工作内容
(1)对活性污泥中的细菌进行革兰氏染色;
(2)镜检革兰氏染色结果。

工作准备
(1)准备仪器:显微镜、酒精灯、接种环、载玻片、洗瓶、烧杯、吸水纸。
(2)准备材料:本学习情境中任务五分离培养的活性污泥中细菌菌种。
(3)准备试剂:香柏油、1:3乙醇乙醚混合液、革兰氏染料(草酸铵结晶紫)、酒精、卢哥氏碘液、沙黄(蕃红)。

任务实施

(一)革兰氏染色

1. 涂片

在洁净的载玻片中央滴一滴无菌生理盐水(或蒸馏水),用接种环以无菌操作挑取少许本学习情境中任务五分离培养的活性污泥中细菌菌种于水滴中,混匀并涂成薄膜。

注意:载玻片应洁净无油迹,取菌不宜多,涂片要涂匀,不宜过厚。

2. 固定

在室温下自然干燥后,将载玻片涂面朝上,在酒精灯火焰上方一定距离快速通过3～4次,目的是使细菌牢固附着在载玻片上,以固定细胞形态。

3. 初染

滴加适量(以覆盖满细菌涂面为宜)革兰氏染料,媒染1min,水洗去掉多余染料。

4. 媒染

滴加适量卢哥氏碘液,媒染1min,水洗去掉多余碘液。

5. 脱色

滴加适量乙醇,脱色30s,水洗去掉多余乙醇。

6. 复染

滴加适量沙黄,染色1min,水洗去掉多余染料。

(二)镜检革兰氏染色结果

先用低倍镜,再用高倍镜,最后用油镜观察。

（1）初染、媒染、脱色、复染各步时间要严格控制。

（2）酒精脱色。革兰氏染色成败的关键是酒精脱色。如脱色过度，革兰氏阳性菌也可被脱色，其结果表现为革兰氏阴性菌的颜色；如脱色时间过短，革兰氏阴性菌未脱色，结果表现为革兰氏阳性菌的颜色。脱色时间的长短还受涂片厚薄及乙醇用量多少等因素的影响。

📖 **相关知识**

（一）革兰氏阳性菌与革兰氏阴性菌的区别

革兰氏阳性菌（G^+）与革兰氏阴性菌（G^-）的区别在于细胞壁结构和组成的区别。细胞壁的主要成分有脂多糖、磷脂、脂蛋白、肽聚糖等。

革兰氏阴性菌细胞壁很薄，厚度约为 10nm，但它的组成和结构比革兰氏阳性菌更复杂。分为外壁和内壁。其中，外壁又可分三层：最外层为脂多糖，中间层为磷脂层，内层为脂蛋白。革兰氏阳性菌细胞壁较厚，许多革兰氏阳性菌细胞壁表面有一些特殊的表面蛋白，与细菌的抗原性有关，如金黄色葡萄球菌的 A 蛋白。

革兰氏阳性菌与革兰氏阴性菌的细胞壁的主要区别见表 1 – 8。

表 1 – 8　G^+ 与 G^- 细胞壁比较

细菌	壁厚，nm	肽聚糖，%	磷壁酸	脂多糖	蛋白质	类脂，%
G^+	20 ~ 80	40 ~ 90	有	无	含量很低	1 ~ 4
G^-	10	10	无	有	含量较高	11 ~ 22

可见，G^+ 细胞壁较厚，约为 20 ~ 80nm，肽聚糖含量高，脂类少，独含磷壁酸，不含脂多糖。G^- 细胞壁很薄，约为 10nm，肽聚糖含量低，脂类多，独含脂多糖，不含磷壁酸。

（二）革兰氏染色法

1884 年，丹麦细菌学家克里斯蒂·革兰，根据细胞染色后的颜色将原核细胞分为两大类，即 G^+ 和 G^-，此染色法称为革兰氏染色法，它是分类鉴定菌种时的重要指标。但革兰氏染色法对真核细胞无鉴别意义。

革兰氏染色法首先用草酸铵结晶紫初染 1min；后用碘液媒染 1min，碘的作用是帮助染料草酸铵结晶紫与菌体蛋白结合；再用乙醇脱色 30 秒，乙醇的作用是抽取结晶紫与碘的复合物，由于 G^+ 与 G^- 细胞壁的区别，使 G^- 比 G^+ 易脱色，时间恰当 G^- 脱色而 G^+ 未脱色；最后用番红染料再次染色 1min，G^+ 不着色，已脱色的 G^- 着色。

革兰氏染色结果：G^+ 呈结晶紫的颜色，为紫色，G^- 呈番红颜色，为粉红色。

任务七　有机污染物生物降解性的定性测定

📖 **学习内容**

（1）通过细菌对有机物降解与转化能力的定性测定，了解不同种类细菌对不同有机物的分解利用情况，从而认识微生物降解有机物的多样性；

（2）微生物降解有机污染物的巨大潜力；

(3)微生物降解天然有机物的途径；

(4)有机污染物生物降解性的评价方法。

工作内容

(1)淀粉水解试验；

(2)脂肪水解试验；

(3)产氨试验；

(4)吲哚试验；

(5)甲基红(M. R.)试验；

(6)产 H_2S 试验；

(7)明胶液化试验。

工作准备

(1)准备仪器:培养箱、无菌培养皿、无菌试管、接种环、接种针、酒精灯、白色比色瓷盘、石蕊试纸、奈氏试纸。

(2)准备菌种:枯草芽孢杆菌、大肠杆菌、产气杆菌、金黄色葡萄球菌。

(3)准备培养基:参见附录Ⅰ,准备淀粉培养基、油脂培养基、肉膏蛋白胨培养基、蛋白胨培养液、葡萄糖蛋白胨培养基、柠檬酸铁铵半固体培养基、明胶培养基。

(4)准备试剂:卢哥氏碘液、中性红溶液、饱和硫酸铜溶液、奈氏试剂、二甲基氨基苯甲醛、乙醚、甲基红试剂。

任务实施

(一)淀粉水解试验

1. 制淀粉培养基平板

将淀粉培养基加热熔化,然后倒入无菌培养皿中,制成平板。

2. 接种

无菌操作,用接种环在倒好的培养基平板上点种。每一个培养基平板分成若干区域,在不同区域接种不同的菌种,如枯草芽孢杆菌、大肠杆菌、产气杆菌等。

3. 培养

将接种后培养基倒置在37℃恒温箱培养 2～5 天,形成明显的菌落。

4. 检测

在平板上滴加卢哥氏碘液,若菌落周围或下面不变色,表示淀粉已水解,说明此种微生物具有水解淀粉的能力;若变色则表示淀粉没有水解,说明此种微生物没有水解淀粉的能力。

(二)脂肪水解试验

脂肪水解为甘油和脂肪酸,脂肪酸与中性红结合形成红色斑点,与硫酸铜作用形成浅绿—蓝色沉淀。

1. 制油脂培养基平板

将含油脂的营养琼脂培养基置于沸水浴中熔化,充分振荡,使油脂分布均匀,然后倒入无菌培养皿中,制成平板。

2. 接种

用接种环取少量待测菌种,如金黄色葡萄球菌或大肠杆菌或产气杆菌等,在平板上划线接种。

3. 培养

将接种后培养基倒置在30℃恒温箱培养4天,每日取出观察,直至形成明显的菌落。

4. 检测

在平板上滴加中性红溶液,若菌落周围或下面有红色斑点出现,表示脂肪已被水解;若无红色斑点出现,则表示脂肪未被水解。或加饱和硫酸铜溶液并覆盖在平板上,静置15min,然后倾去多余溶液,再静置10min,若菌落周围出现浅绿—蓝色则表示脂肪已被水解。

(三)产氨试验

氨基酸脱去氨基,生成氨和各种有机酸。氨与奈氏试剂作用生成黄色或棕红色沉淀。

1. 接种培养

用接种环分别取少量待测菌种,如大肠杆菌和产气杆菌等,接种在肉膏蛋白胨液体培养基中,将石蕊试纸和奈氏试纸借助棉塞悬于试管内两侧,置于30℃培养箱内培养5天,每天观察试纸条的变化。

2. 观察检测

若石蕊试纸变蓝、奈氏试纸变黄,表示有氨产生,说明发生了脱氨基作用。还可取少量培养液,于白色比色瓷盘中,滴加1~2滴奈氏试剂,若生成黄色或棕红色沉淀,则说明有氨产生。

(四)吲哚试验

有些细菌能分解蛋白胨中的色氨酸,生成吲哚。吲哚与对二甲基氨基苯甲醛结合而显玫瑰红色。

1. 接种培养

用接种环分别将大肠杆菌和产气杆菌接种于蛋白胨培养液中,置于37℃培养箱内培养48h。

2. 检测

在培养液中加入适量乙醚,出现明显的乙醚层,然后充分振荡,使吲哚溶于乙醚中。静置片刻,使培养基上面出现乙醚层,然后沿试管壁加入10滴对二甲基氨基苯甲醛(切勿摇动,否则现象不明显)。若乙醚层呈玫瑰红色,说明有吲哚生成。

(五)甲基红(M. R.)试验

有些细菌能将培养基中的糖分解为丙酮酸,丙酮酸再转化为甲酸、乙酸、乳酸等有机酸。酸的产生由甲基红的变色来指示,甲基红的变色范围是pH值4.4(红色)~6.2(黄色)。培养液由原来的橘黄色变为红色,此为M. R. 阳性反应。

1. 接种培养

将大肠杆菌和产气杆菌分别接种于葡萄糖蛋白胨培养液中,置于37℃培养箱内培养48h。

2. 检测

沿试管壁加入甲基红指示剂3~4滴。若培养液变为红色,此为M. R. 阳性,说明生成了有机酸。

（六）产 H_2S 试验

某些细菌能分解含硫有机物产生 H_2S，H_2S 与 Fe^{2+} 结合生成黑色的硫化亚铁沉淀。

1. 接种培养

用穿刺接种法分别将大肠杆菌和产气杆菌接种于柠檬酸铁铵半固体培养基中，置于37℃培养箱内培养48h。

2. 观察

如在培养基穿刺接种线上出现黑色沉淀线，则为阳性反应，说明有 H_2S 产生。同时注意观察接种线上有无向外扩展，如有扩展则说明该菌有运动能力。

（七）明胶液化试验

明胶是一种动物蛋白，在低于20℃时凝固，高于28~35℃时熔化。有些细菌能将明胶分解，使培养基由固态变为液态，在低于20℃时也不再凝固。

1. 接种培养

用穿刺接种法分别将大肠杆菌和产气杆菌接种于明胶培养基中，置于20℃培养箱内培养48h。

2. 观察

观察培养基的状态变化。

将以上实验结果填入表1-9中，"＋"表示阳性反应，"－"表示阴性反应。

表1-9 微生物生化反应试验结果

试验名称 菌种	淀粉水解试验	油脂水解试验	产氨试验	吲哚试验	甲基红试验	产 H_2S 试验	明胶液化试验
大肠杆菌							
产气杆菌							
枯草芽孢杆菌							
金黄葡萄球菌							

📖 **相关知识**

（一）微生物降解有机污染物的巨大潜力

微生物降解有机污染物的巨大潜力主要表现在以下几个方面。

1. 微生物能完成各种化学反应

微生物代谢类型多种多样，代谢过程能完成氧化反应、还原反应、脱氨基反应、脱羧基反应、脱巯基反应、水解反应、脱水反应、缩合反应等各种化学反应。

微生物发生的氧化反应使醇、醛氧化为羧酸，能使氨、亚硝酸、低价硫、亚铁等氧化。还原反应包括醇的还原、反硝化反应、硫酸盐还原反应。脱氨基反应使氨基酸分子中的氨基脱去，生成氨。脱羧基反应使羧酸分子减少一个碳。脱巯基反应使有机硫化物分解，脱去巯基，生成 H_2S。水解反应把多糖水解为二糖或单糖，使蛋白质水解为氨基酸，使脂肪水解为甘油和脂肪酸，使酯水解为羧酸和醇。

2. 共代谢途径使微生物具有联合降解的群体优势

共代谢又称协同代谢,是指一些微生物在可用作碳源和能源的基质上生长时,能将另一种不作为其碳源和能源,又不能被其他微生物所利用的有机物转化为能被其他微生物作为碳源和能源的物质的过程。

对于难降解的污染物,可首先由一些微生物将它转化为能被另一些微生物作为生长基质的物质,再由另一些微生物将其彻底氧化分解。所以,对于难降解的污染物,微生物具有联合降解的群体优势。例如,牝牛分枝杆菌在以丙烷为其唯一的碳源和能源的同时,能将不作为其碳源和能源的也不能被假单胞菌利用的环己烷氧化成能被假单胞菌利用的环己酮,环己酮被假单胞菌分解利用,此过程(见图 1-47)属于牝牛分枝杆菌和假单胞菌通过共代谢,联合降解环己烷的过程。

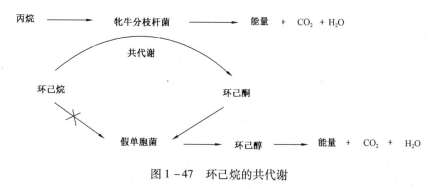

图 1-47 环己烷的共代谢

许多微生物都有共代谢能力,因此,如若微生物不能依靠某种有机污染物生长,并不一定意味着这种污染物不可生物降解。在有合适的底物和环境条件时,该污染物就可通过共代谢作用而降解。一种微生物的共代谢产物,可以成为另一种微生物的生长基质或共代谢底物。如产气杆菌和氢单胞菌通过共代谢作用,将 DDT 转化为对氯苯乙酸,对氯苯乙酸由其他微生物彻底降解。故微生物的共代谢作用大大提高了微生物降解污染物的范围。

3. 微生物具有不断更新的降解能力

人工合成有机物的大量问世,不断加重了微生物的降解负荷和降解难度。开始时,微生物对具有化学稳定性的新合成物质可能没有降解能力,但是,随着时间的推移,在这些物质的诱导下,微生物每时每刻都在发生变异,不断地产生能降解新污染物的新菌种,故可从中筛选出高效降解菌。根据这一原理,通过人工诱变技术和定向培育选育出某污染物的高效降解菌,从而使不可降解或难降解的污染物成为能降解的或易降解的物质。

微生物能合成各种酶,酶具有专一性和诱导性。一方面,在正常情况下许多酶以痕量存在于细胞内,但在特殊底物的诱导下,使痕量酶大量合成,量至少会增加 10 倍,如脂酶、淀粉酶等水解酶类。另一方面,在底物的诱导下,产生适应性的酶,如大肠杆菌在乳糖的诱导下,产生 β—半乳糖苷酶、β—半乳糖苷透性酶和半乳糖苷转乙酰酶。

4. 微生物可以利用降解性质粒

质粒是细菌等原核生物体内一种环状 DNA 分子,是染色体以外的遗传物质。质粒携带某些染色体上没有的基因,使原核生物具有一些特殊功能,如产毒、接合、抗药、固氮、降解性及产特殊酶等。常见的细菌质粒有:F 因子、R 质粒(抗药性质粒)、Ti 质粒(诱癌质粒)、Col 因子(产大肠杆菌素因子)、降解性质粒、巨大质粒等。

一般情况下,质粒的有无对原核生物的生长繁殖没有影响,但在环境中有毒物存在的情况下,质粒携带的基因对原核生物生存环境的选择具有重要作用。

降解性质粒使某些细菌具有特殊的降解能力,如恶臭假单胞菌有分解樟脑的质粒、食油假单胞菌有分解正辛烷的质粒、铜绿假单胞菌有分解萘的质粒等。金属的微生物转化,也由质粒控制,与质粒所携带的抗性因子有关。

质粒可以转移,因而可以作为基因工程的载体,所以在基因工程中,降解性质粒在环境污染治理方面具有广泛的应用前景。中国科学院武汉病毒所分离出一株好氧条件下能以农药六六六为惟一碳源和能源的菌株,经研究发现,该菌株携带有一个降解性质粒,丢失了质粒的菌株,就丧失了对六六六的降解能力,将该质粒转移到大肠杆菌细胞中,大肠杆菌便具有了降解六六六的能力。

5. 微生物有组建超级菌的功能

研究发现,许多有毒物质,尤其是复杂芳香烃化合物的生物降解,往往需要多种质粒共同参与。将各供体菌的不同降解性质粒转移到同一受体菌细胞内,可构建多质粒超级菌。如将降解芳香烃、降解萜烃、降解多环芳香烃的质粒,全部转移到降解脂烃的假单胞菌体内,形成的新菌株只需几小时就能降解原油中 2/3 的烃,而天然菌株需 1 年以上。有人将自然界中能降解尼龙的三种细菌的质粒提取出来,与大肠杆菌的质粒进行重组,得到了生长繁殖快、能高效降解尼龙的大肠杆菌。

通过原生质融合基因工程技术构建环境工程超级菌,可以高效降解一些难降解或不可降解的有机物,目前已取得了可喜的成果,为人类治理环境污染开辟了一条新途径。例如,将甲醇降解菌和乙二醇降解菌的 DNA 转移至苯和苯甲酸降解菌的原生质体中,获得了能降解苯、苯甲酸、甲醇、乙二醇的高效降解菌,降解率分别为:苯 100%、苯甲酸 100%、甲醇 84.2%、乙二醇 63.5%。这种超级菌株对 COD 的去除率可达到 67%,高于三种菌混合培养时的降解能力。

(二) 生物组分大分子 (天然) 有机物的生物降解

有机物可生物降解程度不同,分为易生物降解、难生物降解、不可生物降解三类。易生物降解有机物主要指生物代谢物及残体,如蛋白质、脂类、糖类、核酸等,微生物对这些物质降解速度较快;难生物降解有机物如纤维素、烃类、农药等,微生物对这些物质降解速度很慢;不可生物降解有机物如塑料等高分子合成有机物。

生物组分大分子有机物大部分是易降解的,如淀粉、脂类、蛋白质、核酸等;少部分是难降解的,如纤维素、半纤维素、木质素等。

1. 多糖类的生物降解

多糖类有机物广泛存在于动植物尸体及废物中,主要包括淀粉、纤维素、半纤维素、果胶。

1) 淀粉的降解

淀粉是葡萄糖的高分子聚合物。含淀粉废水主要来源于食品加工、粮食加工、纺织废水、印染废水及城市垃圾等。

(1) 淀粉的降解途径。

多糖大分子不能穿过细胞膜进入细胞,必须降解为小分子单糖才能被吸收利用。首先微生物自身合成并分泌淀粉水解酶系,将淀粉逐步水解为糊精、麦芽糖,最后水解为葡萄糖。葡萄糖被吸收,进入细胞内,经糖酵解生成丙酮酸。在有氧条件下,丙酮酸经三羧酸循环彻底分解为 CO_2 和 H_2O,同时释放大量能量;在无氧条件下,丙酮酸经厌氧发酵,生成小分子有机物

（乙酸、丁酸、丙酮、丁醇）、CO_2 和 H_2。

（2）分解淀粉的微生物。

能降解淀粉的微生物种类很多。细菌主要是芽孢杆菌属的某些种；真菌中有根霉、曲霉、镰孢霉等的某些种；放线菌降解淀粉的能力较前两者差一些，但放线菌中的小单孢菌属、诺卡菌属、链霉菌属的某些种具有降解淀粉的能力。

2）纤维素的降解

纤维素是葡萄糖的高分子聚合物，是植物细胞壁的成分，主要存在于植物茎中。棉纺印染废水、造纸废水、人造纤维废水及城市垃圾中均含有大量纤维素。

（1）纤维素的降解途径。

首先微生物分泌纤维素水解酶，将纤维素降解为纤维二糖，后在纤维二糖水解酶的作用下，降解为葡萄糖。葡萄糖经糖酵解生成丙酮酸。在有氧条件下，丙酮酸经三羧酸循环彻底分解为 CO_2 和 H_2O，同时释放大量能量；在无氧条件下，丙酮酸经厌氧发酵，生成小分子有机物（乙酸、丁酸、丙酮、丁醇）、CO_2 和 H_2。纤维素的降解途径见图 1-48。

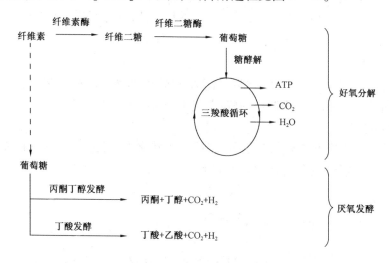

图 1-48　纤维素的降解途径

（2）分解纤维素的微生物。

能降解纤维素的微生物在细菌、放线菌和真菌中都存在。好氧细菌有噬纤维素菌属、纤维弧菌属、纤维单胞菌属、生孢噬纤维素菌等；厌氧细菌如产纤维二糖芽孢梭菌、无芽孢厌氧分解菌及嗜热纤维芽孢梭菌。放线菌中主要是链霉菌属分解纤维素。真菌中有青霉、曲霉、镰刀霉、木霉及毛霉。

3）半纤维素的降解。

半纤维素存在于植物细胞壁中，含量仅次于纤维素。半纤维素的组成中含有低聚戊糖、低聚己糖及低聚糖醛酸。造纸废水和人造纤维废水中含半纤维素。

（1）半纤维素的降解途径。

首先在微生物分泌的水解酶作用下，半纤维素成分水解为单糖和糖醛酸，然后被吸收进入细胞内进一步分解，见图 1-49。

（2）分解半纤维素的微生物。

能分解纤维素的微生物大多也能分解半纤维素，许多不能降解纤维素的微生物却能降解

图 1-49　半纤维素的降解途径

半纤维素,细菌、放线菌、真菌中都存在。能分解纤维素的细菌中有芽孢杆菌、假单胞菌、节细菌;放线菌主要是链霉菌属;真菌中有根霉、曲霉、木霉、小克银汉霉、青霉及镰刀霉等。

2. 木质素的生物降解

木质素是一种高分子芳香族聚合物,存在于除苔藓和藻类外所有植物木质化组织的细胞壁中。木质素化学结构比纤维素和半纤维素复杂得多,是植物中最难分解的组分,降解速度很缓慢,并有部分组分难以降解。如玉米秸秆在土壤中半年,木质素仅减少1/3。

木质素一般先由木质素降解菌将其降解为芳香族化合物,然后再由多种微生物继续降解。真菌降解木质素的能力比细菌强,尤其是真菌中的担子菌,木霉、曲霉、镰孢霉的某些种和细菌中的假单胞菌能分解木质素。

3. 脂类的生物降解

生物体内脂类物质主要有脂肪、类脂、蜡质。植物油和动物脂都是脂肪。类脂包括磷脂、糖脂和固醇。毛纺厂、油脂厂、肉联厂、制革厂废水中含有大量脂类。

1) 脂类的降解途径

脂肪分解较快,类脂和蜡质分解较慢。经降解可转化为糖类分解的中间产物,然后按糖类分解途径降解。脂类降解途径可简化表示如下。

$$脂肪 + H_2O \xrightarrow{\text{脂肪酶}} 甘油 + 高级脂肪酸$$

$$类脂 + H_2O \xrightarrow{\text{磷脂酶类}} 甘油(或其他醇) + 高级脂肪酸 + 磷酸 + 有机碱类$$

$$蜡质 + H_2O \xrightarrow{\text{脂酶类}} 高级醇 + 高级脂肪酸$$

水解产物甘油容易降解,首先转化为磷酸二羟丙酮,再按糖酵解和 TCA 循环降解为 CO_2 和 H_2O。高级脂肪酸较难降解,在有氧条件下首先经 β-氧化途径分解为乙酰辅酶 A,然后乙酰辅酶 A 进入 TCA 循环,最终彻底氧化为 CO_2 和 H_2O;在无氧条件下脂肪酸容易累积。

2) 分解脂类的微生物

分解脂类的微生物主要是好氧的种类。细菌中的荧光假单胞菌、铜绿假单胞菌、绿脓杆菌等,真菌中的青霉、曲霉、白地霉等,以及放线菌中的一些种类具有分解脂类的能力。

4. 蛋白质的生物降解

蛋白质是由多种氨基酸构成的大分子物质。食品加工厂、制革厂及生活区产生的污水中含有大量的蛋白质。

首先蛋白质在细胞外被蛋白酶水解成氨基酸,然后透过细胞膜进入细胞内。氨基酸降解的关键一步是脱氨基作用,通过脱氨基作用脱去氨基成为脂肪酸,即可按脂肪酸的降解途径进一步降解。

脱氨基作用在有氧或无氧条件下均能进行,释放出 NH_3。在有氧条件下,NH_3 被氧化为 NO_2^- 和 NO_3^-,此为硝化作用,生成的 NO_2^- 和 NO_3^- 在无氧条件下经反硝化作用还原为 N_2;若环境无氧,则以 NH_3 的形式存在。

能降解蛋白质的微生物种类很多,细菌、放线菌、真菌中均有较多种类。

多糖、脂类、蛋白质、木质素等天然大分子有机物的好氧生物降解过程可用图 1-50 表示。

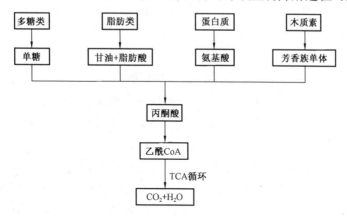

图 1-50 天然有机污染物好氧生物降解的一般过程

(三)有机污染物生物降解性的评价方法

1. 生物氧化率

用活性污泥作为测定用微生物,单一的被测有机物作为底物,在瓦氏呼吸仪上检测其生物耗氧量,与该底物完全氧化的理论需氧量之比,即为被测有机物的生物氧化率。

如果除底物不同外其余测定条件完全相同,则测得的生物氧化率的大小,在一定程度上可反映不同有机物的生物降解性的差异。例如,经测试得到一些有机化合物的生物氧化率(%),如表 1-10。

表 1-10 实验测得的一些有机化合物的生物氧化率

化合物名称	生物氧化率,%	化合物名称	生物氧化率,%
甲苯	53	二甘醇	5
醋酸乙烯酯	34	二癸基苯二甲酸	1
苯	24	乙基-已基丙烯盐	0
乙二胺	24		

2. 呼吸线

当活性污泥微生物处于内源呼吸时,利用的是微生物自身的细胞物质,其呼吸速率是恒定的,耗氧量与时间的变化呈直线关系,这称为内源呼吸线。当供给活性污泥微生物某种外源基质时,耗氧量随时间的变化是一条特征曲线,称为生化呼吸线。把各种有机物的生化呼吸线与内呼吸线加以比较时,可能出现如图 1-51 所示的三种情况。

(1)生化呼吸线位于内源呼吸线之上,说明该有机物可被微生物氧化分解。两条呼吸线之间的距离越大,表示该有机物的生物降解性就越好,见图 1-51(a)。

(2)生化呼吸线与内源呼吸线基本重合,表明该有机物不能被活性污泥微生物氧化分解,但对微生物的生命活动无抑制作用,如图 1-51(b)。

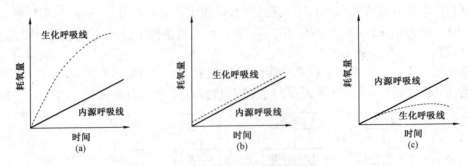

图 1-51 活性污泥呼吸线

（3）生化呼吸线位于内呼吸线之下，表示该有机物对微生物产生了显著的抑制作用，生化呼吸线越接近横坐标，说明抑制作用越大，微生物呼吸作用几乎停止，见图 1-51(c)。

3. 相对耗氧速率曲线

耗氧速率是单位生物量（通常用活性污泥的质量、浓度或含氮量来表示）在单位时间内的耗氧量。如果测定时生物量不变，改变底物浓度，便可测得某种有机物在不同浓度下的耗氧速率，与内源呼吸耗氧速率相比，就可得出相应浓度下某种有机物的相对耗氧速率，据此可作出相对耗氧速率曲线。

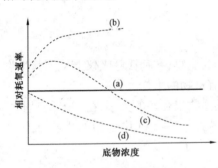

图 1-52 相对耗氧速率曲线

(a)底物无毒，但不能被微生物利用；(b)底物无毒，能被微生物利用，在一定范围内相对耗氧速率随基质浓度增加而增加；(c)底物有毒，但在低浓度时可被微生物利用，超过一定浓度后对微生物发生抑制作用；(d)基质有毒，不能被微生物利用

相对耗氧速率是评价活性污泥微生物代谢活性的重要指标。以有机物或废水浓度为横坐标，以相对耗氧速率为纵坐标，所作的不同物质（底物）的相对耗氧速率曲线可能有图 1-52 所示的四种情况。

4. BOD_5/COD_{cr} 之比

BOD_5 和 COD 是废水生物处理过程中常用的两个水质指标。BOD_5 是 5 日生化需氧量，即在 5 日内，可生物降解的有机物在微生物作用下氧化分解所需的溶解氧量。BOD_5 可间接反映出可生物降解的有机物的含量。

COD 是有机物在化学氧化剂作用下，氧化分解所需的氧量。当采用重铬酸钾作氧化剂时，除一部分长链脂肪族化合物、芳香族化合物和吡啶等含氮杂环化合物不能氧化外，大部分有机物（约 80% ~ 100%）能被氧化。所以，COD_{cr} 能近似地反映废水中的全部有机物含量。

用 BOD_5/COD 值评价废水的可生化性是广泛采用的一种最为简易的方法。根据 BOD_5/COD_{cr} 比值的大小，可推测废水的可生物降解性。BOD_5/COD_{cr} 比值越大，说明废水的可生物降解的有机物所占的比例越大。由于 COD_{cr} 中包含废水中某些还原性无机物（如硫化物、亚硫酸盐、亚硝酸盐、亚铁离子等）所消耗的氧量，BOD_5 又受接种、温度、毒物、pH 值等影响，故 BOD_5/COD_{cr} 比值理论最大值是 0.58。

对于低浓度有机废水，在评价可生物降解性时，一般认为：

$BOD_5/COD_{cr} > 0.45$ 时，表示生化降解性较好；$BOD_5/COD_{cr} > 0.3$ 时，表示可生化降解；$BOD_5/COD_{cr} < 0.3$ 时，表示生化降解性较差；$BOD_5/COD_{cr} < 0.2$ 时，表示较难生化降解，一般

情况下不宜采用生物法处理。

对高浓度有机废水，即使 $BOD_5/COD_{cr} < 0.25$，其 BOD 的绝对值也不低，仍可生化降解，只不过废水中的 COD_{NB}（指难生物降解的 COD）可能占较大比例，要使生化处理出水的 COD_{cr} 达标，尚需考虑进一步的处理措施。

5. COD_{30}

取一定量的待测废水，接种少量活性污泥，连续曝气，测起始 COD_{cr}（COD_0）和第 30 天的 COD_{cr}（COD_{30}）。废水经生化处理后，COD 的去除率为：

$$COD 去除率 = \frac{COD_0 - COD_{30}}{COD_0} \times 100\%$$

据此可推测废水的可生化降解性，并可估计用生化法处理污水可能得到的最高 COD_{cr} 去除率。

6. 培养法

通常采用小规模生物处理，接种适量的活性污泥，对待测废水进行批式处理试验。测定进水、出水的 COD_{cr}、BOD_5 等水质指标，观察活性污泥的增长，镜检活性污泥生物相。根据测试结果可作出废水可生化降解性的判断。

除上述方法外，还可通过测定活性污泥与废水（或污染物）接触前后活性污泥中挥发性物质的变化、脱氢酶活性的变化、ATP 量的变化等方法，来评价生物降解性。

任务八　活性污泥 A/O 工艺处理含油污水

学习内容

（1）通过普通活性污泥法实验仿真操作，了解活性污泥法基本工艺流程；

（2）活性污泥净化污水的原理；

（3）通过 A/O 工艺处理含油污水现场案例，掌握活性污泥法 A/O 工艺流程和脱氮除磷原理，认识活性污泥法的其他几种工艺；

（4）石油生物降解途径；

（5）活性污泥法系统运行中异常情况及解决措施；

（6）剩余污泥的处理方法。

工作内容

活性污泥法实验仿真操作。

工作准备

普通活性污泥法实验仿真软件。图 1-53 为仿真操作界面。

仿真实验设备主要有以下几项：带有挡板的完全混合式曝气沉淀池；空气压缩机；原水箱；泵。

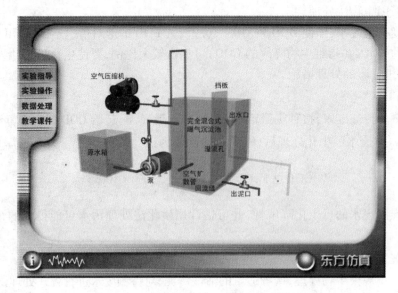

图 1 - 53　普通活性污泥法仿真操作界面

任务实施

（一）进原水

打开原水进水阀，弹出进水阀调节面板，调节阀的开度，向曝气沉淀池中注入原水。

（二）污泥接种

点污泥接种图向曝气池中接入培养好的污泥。

（三）曝气

点击压缩空气调节阀，并调整阀门开度，向曝气池中输入氧气。

（四）污泥回流

点击回流挡板高度调节的上下按钮，调节挡板高度，使沉淀池中的污泥回流到曝气池，以保持实验过程中曝气池中活性污泥微生物浓度（$MLSS$）稳定（1300～3000mg/L）。

（五）排放剩余污泥

点击剩余污泥排放阀，调节阀门开度，以调整泥龄保持在一定的范围（5～15天）。

（六）调整原水进水水质或水量

点击原水 BOD 调节的上下按钮来调整进水水质或者点击原水进水阀门来调节水量，以改变不同的污泥负荷（0.2～1.2）。

（七）调节其余参数使系统稳定

调整溶解氧浓度（DO）、活性污泥微生物浓度（$MLSS$），使其稳定在上一次测定值，改变泥龄（SRT）、污泥负荷（F/M），待其稳定。

操作要求

（1）实验过程中，要始终使溶解氧浓度（DO）保持在 2.0mg/L 左右。

（2）保持活性污泥微生物浓度（$MLSS$）在 1300～3000mg/L。$MLSS$ 的稳定靠溶解氧、回流比和泥龄的调节来实现。注意排泥流量，保持泥龄（SRT）在 5～15天，污泥负荷越高，增长的污泥越多,排泥量越大,泥龄也越短。

 现场案例

下面以大庆某污水处理厂 A/O 工艺处理含油污水为例,进行说明。

(一)含油污水处理流程

1)处理工艺

大庆某含油污水处理厂设计处理量是 $1000m^3/h$,主要采用 A/O 活性污泥法,将高浓度的含油污水处理达标后,为下游的污水回用装置提供优质的原料水。

污水处理厂采用隔油、浮选、生化"老三套"处理工艺。隔油部分根据油水密度差去除可浮油,浮选系统采用部分加压回流溶气气浮工艺去除乳化油和悬浮物质,生化部分采用 A/O 活性污泥法去除有机污染物。

2)工艺流程

含油污水集中后,经隔油罐油水分离进入平流式隔油池,隔油池内设链条式刮油刮泥机收油。隔油池出水流入浮选池。浮选池内气浮工艺,通过投加净水剂以去除污水中的乳化油,浮选池设有链条式刮渣机,定期将浮选池内表面油泥浮渣刮出池外。

浮选池出水自流进入生化池,控制进水含油在 $30mg/L$ 以内,生化池采用 A/O 活性污泥法,鼓风曝气。生化池前段为缺氧段,池内溶解氧控制在 $0\sim0.5mg/L$,缺氧段采用生物膜法,生物膜粘在框架式组合填料上,曝气器为微孔曝气器。生化池后段为好氧段活性污泥法,池内溶氧控制在 $2\sim5mg/L$,采用膜式曝气器充氧曝气。

生化池出水自流进入两座沉淀池进行泥水分离。活性污泥沉入池底,由刮泥机刮至排泥坑内,再流入污泥池,由泵将活性污泥一部分回流,一部分送至污泥脱水罐进行脱水外运。

沉淀池出水自流至过滤吸水池,由过滤泵加压送至过滤罐进行过滤。过滤罐选用自动反冲洗滤罐,罐内滤料为核桃壳,可使滤后出水含油小于 $10mg/L$。

(二)生化单元控制参数

大庆某含油污水处理厂生化单元(A/O)相关控制参数如表 1 – 11。

表 1 – 11 某含油污水处理厂生化单元(A/O)相关控制参数

溶解氧(DO),mg/L	磷盐,kg/t	硝化液回流,%	污泥回流,%	$MLSS$,mg/L	SVI,mL/g
好氧池≥2	≤0.15	≤600	≤100	≥1000	60~150
缺氧池 0~0.5					

 相关知识

(一)活性污泥法净化污水的原理

活性污泥法是指向污水与活性污泥的混合液中曝气,使活性污泥絮凝体悬浮在污水中,在溶解氧充足的情况下,污水净化包括以下三个阶段。

1. 吸附

废水与活性污泥微生物充分接触,形成悬浊混合液。废水中污染物被比表面积巨大且表面上含有多糖类粘性物质的微生物吸附和粘连。悬浮态的大分子有机物被吸附后,首先在细胞分泌的水解酶的作用下,分解为小分子溶解性物质,再被细菌摄入细胞体内。

2. 微生物的代谢(生物氧化和细胞合成)

进入细胞体内的污染物在胞内酶的作用下,通过微生物的代谢反应而被降解。一部分经过一系列中间状态氧化为最终产物 CO_2、H_2O、NH_3、SO_4^{2-}、PO_4^{3-} 等,另一部分则转化为细胞物质,使细胞增殖。污水中微生物净化有机物的作用可表示为图 1-54。

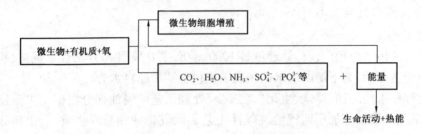

图 1-54　微生物对有机物的好氧净化作用

3. 凝聚与沉淀

凝聚与沉淀是混合液中固相活性污泥颗粒同废水分离的过程。固液分离的好坏,直接影响出水水质。这一过程的结果是有机物分解,污水得到净化,同时新的细胞物质不断合成,活性污泥的量增多。将活性污泥分离后,得到的是净化的水。

(二)普通活性污泥法基本工艺流程

如图 1-55 所示,污水在初次沉淀池内经初次沉淀后,进入曝气池内,与曝气池内的活性污泥混合。在曝气池内充分曝气的情况下,一方面使废水与活性污泥微生物充分接触,形成悬浊混合液;另一方面,强行向活性污泥混合液供氧,保证好氧条件,使好氧微生物处于活跃代谢状态,分解有机物。

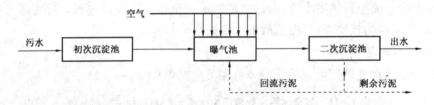

图 1-55　普通活性污泥法工艺流程

曝气池内混合液进入二次沉淀池进行固液分离,经沉淀后,净化的污水由二次沉淀池的溢流堰排出。同时,二次沉淀池底部的沉淀污泥一部分回流至曝气池,以保证曝气池内活性污泥的量;多余的活性污泥作为剩余污泥排入污泥处理系统。

当污水中含有大量悬浮物时,为减少曝气池负荷,同时防止悬浮物沉积在曝气池底形成池底厌氧现象和阻塞供气系统,可在曝气池前设置初次沉淀池。

(三)普通活性污泥法特点

(1)曝气池入口处有机物浓度高,沿池长逐渐降低,需氧量也沿池长逐渐降低。

(2)当进水有机物浓度较低时,曝气池入口端污泥增长处于稳定期;当进水有机物浓度较高时,入口端污泥增长则处于对数生长期。经 4~8h 曝气后,池末端污水中有机物浓度很低,污泥已处于内源呼吸期,微生物细胞内物质即将耗尽,BOD 去除率可达 90%~95%。

(3)处入内源呼吸期的活性污泥易于沉降,利于在沉淀池中的泥水分离,而且内源呼吸期的活性污泥回流后能更有效地吸附和氧化有机物。

（四）活性污泥法的几种工艺

近几十年来，活性污泥法已发展出十几种工艺，可称为城市污水和工业污水处理中最常用的方法。活性污泥法主要工艺有推流式活性污泥法、完全混合式活性污泥法、接触氧化稳定法、分段布水推流式活性污泥法、氧化沟式活性污泥法等等，见图1-56。

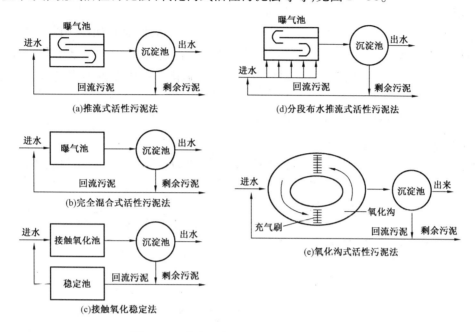

图1-56　好氧活性污泥法的几种工艺流程

（五）活性污泥法 A/O 工艺

1. 缺氧—好氧（A/O）活性污泥法脱氮系统

1）A/O 活性污泥脱氮工艺流程

A/O 工艺即为缺氧—好氧活性污泥法工艺，是迄今为止最简单的生物脱氮工艺。A/O 工艺设有内循环，前置缺氧池，后置好氧池，见图1-57。

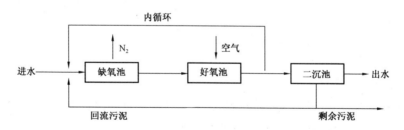

图1-57　A/O 活性污泥脱氮工艺

2）A/O 工艺脱氮原理

生物脱氮可分为氨化、硝化、反硝化三个步骤。由于氨化反应速度很快，在一般废水处理设施中均能完成，故生物脱氮的关键在于硝化和反硝化。

废水经预处理后首先进入缺氧池，利用氨化菌将废水中的有机氮转化成 NH_3，与原废水中的 NH_3 一并进入好氧池。在好氧池中，除与常规活性污泥法一样对含碳有机物进行氧化外，在适宜的条件下，利用亚硝化菌及硝化菌，将废水中的 NH_3 氧化成 NO_3^-；好氧池中硝化混合液通过内循环回流到缺氧池,利用原废水中的有机碳作为电子供体进行反硝化,反硝化将 NO_3^- 还原成 N_2,溢出水面释放到大气中。

反硝化反应器设置在流程的前端,进行反硝化反应时,利用废水中的有机物直接作为有机碳源;好氧的硝化反应器设置在流程的后端,可以使反硝化过程中残留的有机物得以进一步去除,无需增建后曝气池。

在 A/O 工艺中,回流比的控制非常重要。回流比过低,会使反硝化池中的 BOD/NO_3^- 过高,会使反硝化菌因无充足的 NO_3^- 作电子受体而影响反硝化的速率,更重要的是出水硝态氮浓度高;反之,若回流比过高,则 BOD/NO_3^- 值过低,反硝化的作用因得不到足够的碳源而受抑制。

2. 厌氧—好氧(A/O)活性污泥法除磷系统

1)A/O 活性污泥除磷工艺流程

如图 1 – 58,A/O 活性污泥除磷工艺包括厌氧释磷和好氧摄磷两个基本组成部分。

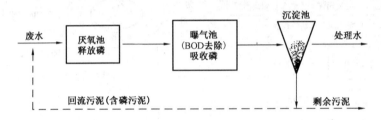

图 1 – 58　A/O 活性污泥除磷工艺

2)A/O 工艺除磷原理

生物法除磷的核心是聚磷菌的超量吸磷现象。在厌氧条件下,聚磷菌将其体内的有机磷转化为无机磷酸盐(PO_4^{3-})并加以释放;在好氧条件下,聚磷菌能大量吸收磷酸盐合成自身含磷有机物(如核酸、ATP),并能逆浓度梯度过量吸磷合成储能的多聚磷酸盐颗粒(即异染颗粒),供内源呼吸用。可见,A/O 除磷工艺是创造厌氧—好氧环境,使聚磷菌先厌氧释磷,后好氧过量吸磷,最终通过剩余污泥的排放而去除磷。

生物 A/O 除磷工艺与生物 A/O 脱氮工艺中的 A 段有明显区别,生物除磷的 A 段属厌氧,生物脱氮的 A 段属缺氧。此外,工艺运行方式上,生物脱氮的 O 段要长,以保证硝化,满足回流硝态氮的需要;生物除磷的 O 段要短,以保持较高的污泥负荷(即相对较短的泥龄),才能通过排除较多的剩余污泥除磷。

(六)石油的生物降解

石油是含有烷烃、环烷烃、芳香烃及少量非烃化合物的复杂混合物。石油污染主要出现在采油区和石油运输事故现场以及石化行业的工业废水中。

1. 石油的降解途径

石油可以被微生物直接矿化或经共代谢途径分解。

石油成分的生物降解性与分子结构有关。烯烃最易降解,烷烃次之,芳香烃难降解,多环芳香烃更难,脂环烃类最难;支链烃比直连烃难,支链越多越难。石油所含烃类结构不同,其降解的途径和能力有较大差异。

1)烷烃的生物降解

烷烃的生物降解途径:有单一末端氧化、双末端氧化、亚末端氧化途径。单一末端氧化降解过程:在微生物的作用下,烷烃首先被氧化成醇,然后继续氧化生成醛,再氧化为羧酸,羧酸经β-氧化形成乙酸,羧酸链不断减短,乙酸转化为乙酰辅酶A,进入TCA循环,分解为CO_2和H_2O。其途径见图1-59。

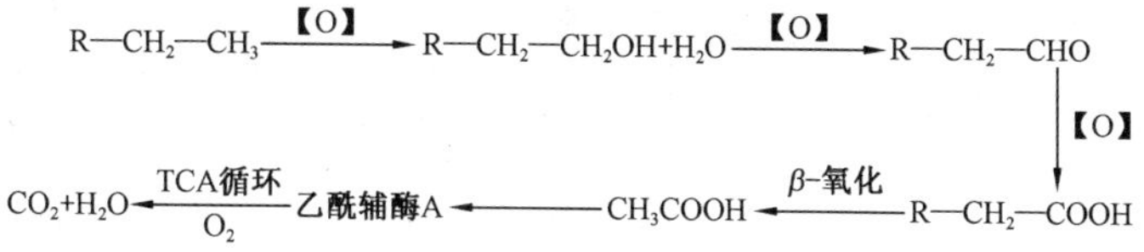
R—CH₂—CH₃
【O】
R—CH₂—CH₂OH+H₂O
【O】
R—CH₂—CHO
【O】
R—CH₂—COOH
β-氧化
CH₃COOH
乙酰辅酶A
TCA循环
O₂
CO₂+H₂O

图1-59　烷烃的降解途径

双末端氧化降解过程:双末端甲基被氧化生成二羧酸,经β-氧化生成若干乙酰辅酶A,进入TCA循环。亚末端氧化降解过程:烷烃的第二个碳原子被氧化生成仲醇,再氧化为甲基酮,甲基酮分解为伯醇和乙酰辅酶A,伯醇进入单一末端氧化途径,乙酰辅酶A进入TCA循环。

2)烯烃的生物降解

烯烃的降解途径有多种,与双键位置有关。双键在中间,被认为同烷烃降解;双键在1或2碳位,则有三种可能途径,见图1-60。

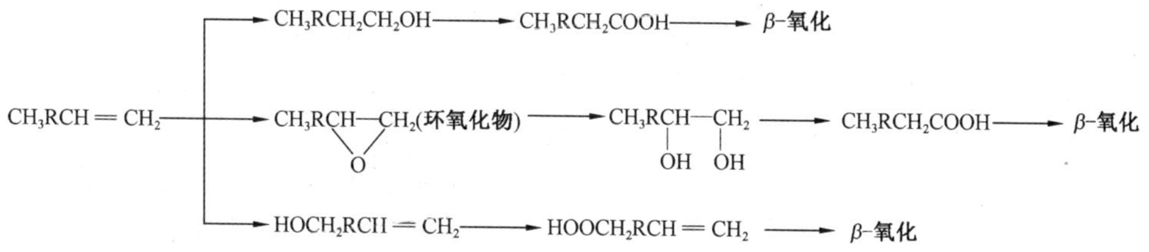
CH₃RCH＝CH₂
CH₃RCH₂CH₂OH
CH₃RCH₂COOH
β-氧化
CH₃RCH—CH₂(环氧化物)
O
CH₃RCH—CH₂
OH OH
CH₃RCH₂COOH
β-氧化
HOCH₂RCH＝CH₂
HOOCH₂RCH＝CH₂
β-氧化

图1-60　烯烃的降解途径

(1)与H_2O加成,生成醇,再氧化为羧酸。

(2)氧化为环氧化物,再氧化为二醇,二醇转化为羧酸。

(3)在饱和端氧化为醇,羧酸。

三种途径生成的羧酸经β-氧化成乙酸,进入TCA循环,最后分解为CO_2和H_2O。

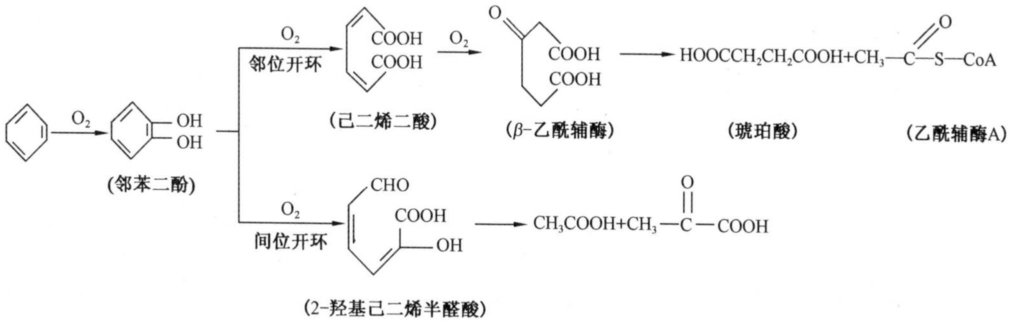
O₂
OH
OH
(邻苯二酚)
O₂
邻位开环
COOH
COOH
(己二烯二酸)
O₂
O
COOH
COOH
(β-乙酰辅酶)
HOOCCH₂CH₂COOH+CH₃—C—S—CoA
O
(琥珀酸)
(乙酰辅酶A)
O₂
间位开环
CHO
COOH
OH
(2-羟基己二烯半醛酸)
CH₃COOH+CH₃—C—COOH
O

图1-61　芳香烃的降解途径

3)芳香烃的生物降解

各种芳香烃降解的初始步骤可能各不相同,使芳烃一般被氧化为邻苯二酚(儿茶酚),再氧化,邻位或间位开环。邻位开环生成己二烯二酸,再氧化为β-酮己二酸,后者再氧化为三羧酸循环的中间产物琥珀酸和乙酰辅酶 A;间位开环生成 2 - 羟己二烯半醛酸,进一步代谢生成乙醛和丙酮酸。以上过程见图 1 - 61。

4)脂环烃的降解

在石油中,没有取代基的环烷烃是原油的主要成分,它对微生物降解有较大的抗性,能在环境中长期滞留。在自然界几乎没有利用环烷烃生长的微生物,但可通过共代谢途径降解。

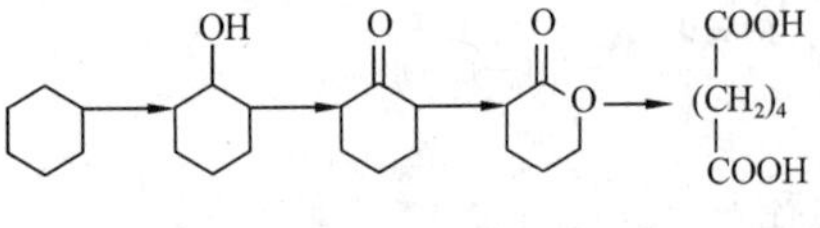

图 1 - 62　环己烷的降解途径

以环己烷的降解为例,除牝牛分枝杆菌与假单胞菌共代谢降解环己烷外,还发现一些种类的假单胞菌能通过共代谢作用降解环己烷。所以,微生物的共代谢作用在脂环烃的降解中起着重要作用。环己烷的降解过程如图 1 - 62。

石油的生物降解难易除了与石油的组分结构有关外,还受供氧、温度、营养、降解菌的量及石油的物理状态限制。石油的生物降解主要是好氧过程,而浮于水面的油污使水面下缺氧,故需通气曝氧。海水温度低,是海洋油污染生物降解的经常性限制因子。初次发生油污染的水域,往往需要接种降解菌。

2. 分解石油的微生物

微生物在自然界石油的降解过程中起着重要作用。据报道,已发现细菌、放线菌、真菌有 70 多个属、200 多个种可以生活在石油中。试验表明,海洋油污受紫外线作用发生的光化学分解速度仅是微生物降解速度的 1/10;海洋表面被石油污染形成油层后,在 1 ~ 2 周内就能形成细菌菌落,在 2 ~ 3 个月内就可将石油降解而消失。

能降解石油的微生物很多,细菌有假单胞菌、分枝杆菌、棒杆菌、微球菌、产碱杆菌、无色杆菌、不动杆菌、节杆菌、黄杆菌等;放线菌主要有诺卡氏菌属、链霉菌属;酵母菌主要有热带假丝酵母、解烃假丝酵母及球拟酵母菌、红酵母菌属、酵母菌属的某些种;霉菌主要有青霉属、曲霉属、穗霉属等;藻类中有蓝藻和绿藻等。

(七)活性污泥法系统运行中异常情况及解决措施

活性污泥处理系统在运行过程中,有时会出现种种异常情况,导致处理效果降低。在运行中可能出现的几种异常现象和应采取的措施如下。

1. 污泥膨胀

1)污泥膨胀现象

正常的活性污泥沉降性能良好,含水率在 99% 左右。当污泥变质时,污泥不易沉淀,SVI 值增高,污泥的结构松散和体积膨胀,含水率上升,澄清液稀少(但较清澈),颜色也有异变。

2)污泥膨胀原因

污泥膨胀主要是丝状菌大量繁殖引起,也有由污泥中结合水异常增多导致的污泥膨胀。一般污水中碳水化合物较多,缺乏氮、磷、铁等养料,溶解氧不足,水温高或 pH 值较低等都容易引起丝状菌大量繁殖,导致污泥膨胀。此外,超负荷、污泥龄过长或有机物浓度梯度小等,也会引起污泥膨胀。排泥不通畅易引起结合水性污泥膨胀。

3)污泥膨胀解决措施

一旦出现污泥膨胀,一般可采取调整、加大空气量,及时排泥,在有可能时采取分段进水,以减轻二次沉淀池负荷等措施。当污泥发生膨胀后,可针对引起膨胀的原因采取解决措施。

(1)如缺氧、水温高等可加大曝气量,或降低进水量以减轻负荷,或适当降低 $MLSS$ 值,使需氧量减少等。

（2）如污泥负荷过高，可适当提高 MLSS 值，以调整负荷。必要时还要停止进水，"闷曝"一段时间。

（3）如缺氮、磷、铁养料，可投加硝化污泥液或氮、磷等成分。

（4）如 pH 值过低，可投加石灰等调 pH 值。

（5）若污泥大量流失，可投加 5～10mg/L 氯化铁，帮助凝聚，刺激菌胶团生长。

（6）可投加漂白粉或液氯（按干污泥的 0.3%～0.6% 投加），抑制丝状菌繁殖，特别能控制结合水性污泥膨胀。

（7）可投加石棉粉末、硅藻土、粘土等惰性物质，降低污泥指数。

2. 污泥解体

1）污泥解体现象

污泥解体表现为处理水质浑浊，污泥絮凝体微细化，处理效果变坏等现象。

2）污泥解体原因

污泥解体原因主要是运行不当或污水中混入有毒物质。如曝气过量，会使活性污泥生物营养的平衡遭到破坏，使微生物量减少并失会活性，吸附能力降低，絮凝体缩小致密，一部分则成为不易沉淀的羽毛状污泥，处理水质浑浊，SVI 值降低等。当污水中存在有毒物质时，微生物会受到抑制或伤害，净化功能下降或完全停止，从而使污泥失去活性。

3）污泥解体解决措施

污泥解体一旦出现，一般可通过显微镜观察判段产生的原因。如是运行方面的问题时，应对污水量、回流污泥量、空气量和排泥状态以及 SV、MLSS、DO、污泥负荷等多项指标进行检查，加以调整。当确定是污水中混入有毒物质时，应考虑这是新的工业废水混入的结果，需查明来源进行局部处理。

3. 污泥腐化

1）污泥腐化现象

污泥腐化是指二沉池污泥长期滞留而产生厌氧发酵生成硫化氢、甲烷等气体，使大块污泥上浮的现象。污泥腐化上浮与污泥脱氮上浮不同，污泥腐败变黑，产生恶臭。

2）污泥腐化的原因

泥斗设计不合理，污泥难下滑，污泥长期滞留沉积在死角而腐化。

3）污泥腐化的解决措施

出现污泥腐化现象后，可加大池底坡度或改进池底刮泥设备，不使污泥滞留于池底；清除死角，加强排泥；安设不使污泥外溢的浮渣清除设备。

4. 污泥上浮

1）污泥上浮现象

曝气池内污泥泥龄过长，硝化进程较高（一般硝酸铵达 5mg/L 以上），在沉淀池底部产生反硝化，硝酸盐被利用，氮即呈气体脱出附于污泥上，从而使污泥比重降低，整块上浮。

2）污泥上浮的原因

污泥上浮原因就是反硝化作用。

3）污泥上浮的解决措施

增加污泥回流量或及时排除剩余污泥，在脱氮之前即将污泥排除；或降低混合液污泥浓度,缩短污泥龄和降低溶解氧等,使之不进行到硝化阶段。另外,曝气池内曝气过度,使污泥搅拌过于激烈,生成大量小气泡附聚于絮凝体上,也可能引起污泥上浮,这种情况机械曝气较鼓风曝气为多。还有,当流入大量脂肪和油时,也容易产生这种现象。防止措施是将供气控制在搅拌所需的限度内,而脂肪和油则应在进入曝气池之前加以去除。

5. 泡沫问题

1) 泡沫问题危害

泡沫可给生产操作带来一定困难,如影响操作环境,带走大量污泥。当采用机械曝气时,还能影响叶轮的充氧能力。

2) 泡沫问题原因

污水中含大量合成洗涤剂或其他起泡物质,易引起泡沫。

3) 泡沫问题解决措施

解决泡沫问题,可采取分段注水以提高混合液浓度、进行喷水或投加除沫剂(如机油、煤油等,投量约为 0.5~1.5mg/L)等措施。此外,用风机机械消泡,也是有效措施。

(八)剩余污泥的处理

1. 污泥的处理目的

(1)确保污水处理效果,防止二次污染;

(2)使容易腐化发臭的有机物得到稳定处理;

(3)使有毒有害物质得到妥善处理或利用;

(4)使有用物质得到综合利用,变害为利。

2. 剩余污泥的处理方法

1)污泥浓缩

污泥浓缩是降低污泥含水率、减少污泥体积的有效方法,主要减缩的是污泥的间隙水。污泥浓缩的方法有重力浓缩、气浮浓缩、离心浓缩。

2)污泥脱水

污泥脱水的作用是去除污泥中的毛细水和表面附着水,从而缩小其体积、减轻其质量。污泥脱水的方法有自然干化、机械脱水。

3)焚烧

焚烧是一种常用的污泥最终处理方法,它可破坏全部有机质,杀死一切病原体,并最大限度地减少污泥体积。当污泥自身的燃烧热值很高,或城市卫生要求高,或污泥有毒物质含量高,以致不能被利用时,可采用焚烧处理。焚烧是去除污泥中绝大部分毛细管水、吸附水和颗粒内部水的方法。

4)厌氧发酵

厌氧发酵是一种污泥最终处置方法,剩余污泥在厌氧条件下经微生物的代谢,降解为小分子有机物和无机物,同时释放出沼气。

5)填埋

填埋也是一种污泥最终处置方法,剩余污泥在填埋场中经微生物的分解而稳定化。

6)污泥的综合利用

污泥可作建筑材料、污泥裂解制化工原料及农业利用等。

1. 关于如何使用光学显微镜,请回答以下问题:

(1)怎样确定显微镜的放大倍数?

(2)什么是低倍镜、高倍镜及油镜? 使用油镜时,香柏油有何作用?

(3)为什么细菌要用油镜观察?

(4)如何保护好显微镜镜头?

(5)在显微镜使用中,应注意哪些操作?

2. 环境中微生物有哪些类型? 微生物有哪些适于降解环境中污染物的特点?

3. 在微生物观察中,看到微生物以下特征(请填空或选择正确答案):

(1)微生物基本形态有_____形、_____形、_____形;放线菌是_____(单或多)细胞的_____状体。

(2)有的细菌能产生芽孢,芽孢是细菌的_____,芽孢只有在_____条件下才形成,细菌中能产生物芽孢的主要是_____菌。

(3)有的细菌细胞外有一层具有一定强度的粘液层,即是_____,其不易着色,染色要用_____方法。

(4)有的细菌具有必须用油镜才能看到的1条至多条的_____,具有_____功能。

4. 在配制培养基的过程中应该注意哪些问题,为什么?

5. 关于高压蒸汽灭菌锅的使用,请回答以下问题:

(1)高压蒸汽灭菌开始之前,为什么要将锅内的冷空气排尽? 怎样排尽?

(2)灭菌结束之后,为什么要等压力降到"0"后才能打开放气阀?

(3)实验室常规高压蒸汽灭菌的条件是什么?

6. 关于活性污泥细菌分离过程,请回答以下问题:

(1)常用_____法分离,使用_____培养基,得到的细菌为_____菌。

(2)培养条件是_____℃ 、_____h。

(3)菌落是怎样形成的? 观察菌落时,选择何处的菌落?

(4)简述无菌分离操作过程。

7. 如何进行革兰氏染色操作? 需要什么染料? 染色结果怎样?

8. 污泥三项测定中,请回答以下问题。

(1)为什么用扁嘴无齿镊子?

(2)测定过程应注意哪些问题?

(3)污泥三项是指哪三项指标? 正常范围各是多少?

(4)在滤纸准备时,烘干温度是多少摄氏度? 烘干多长时间?

(5)污泥三项测定有何意义?

9. 微生物通过哪几方面降解与转化污染物?

10. 看图回答问题。

(1)图 1 - 63 为_____,此法适于处理_____污水。处理污水的 BOD_5 范围在_____mg/L 为宜。

(2)活性污泥外观呈_____色,由_____、_____、_____组成。

(3)活性污泥中的主要微生物是_____,主要以_____形式存在,其营养类型是_____。

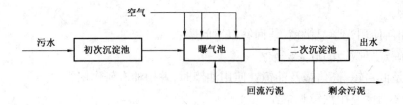

图 1 - 63

(4)活性污泥的骨架是_____,其大量增殖常引起_____。

(5)曝气池混合液的溶解氧以维持在_____ mg/L 为宜。

(6)球衣菌是活性污泥的骨架,呈( )。

A. 球状   B. 杆状   C. 丝状   D. 螺旋状

(7)活性污泥中出现( ),表明处理效果好。

A. 钟虫   B. 轮虫   C. 草履虫   D. 原生动物胞囊

(8)原生动物在污水生物处理中有何作用?

(9)此法处理污水的原理是什么?

(10)剩余污泥如何处理?

11. 关于 A/O 活性污泥脱氮工艺,请回答以下问题:

(1)A/O 工艺前置_____氧池,后置_____氧池,设有内循环。

(2)在缺氧池中发生的是_____作用,在好氧池中发生的是_____作用。

(3)A/O 活性污泥脱氮工艺中生物脱氮可分为_____、_____、_____三个步骤。

(4)A/O 活性污泥脱氮工艺中下列污染物中,微生物最难降解的是( )。

A. C_5H_{12} B. ⬡   C. $(CH_3)_2(CH)_2CH_2$ D. ⬡—C_4H_9

(5)在废水处理中可处理含油、含酚的真菌是( )。

A. 酵母菌   B. 曲霉   C. 伞菌   D. 白地霉

(6)在废水处理系统中,微生物氨化作用的主要产物是( )。

A. 尿素   B. 氨基酸   C. 蛋白质   D. 氨

(7)A/O 活性污泥工艺如何脱氮?

12. 请简述生物除磷原理。

学习情境二　生物膜法处理污水

情境简介

生物膜法是常用的污水生物处理方法之一,是利用在固体介质上生长的微生物降解污染物。这一方法广泛用于处理城市生活污水和微污染水源水,其中曝气生物滤池常被用于城市生活污水处理的主体工艺。通过本情境的学习,使学生掌握生物膜的组成、生物膜生物相、生物膜法净化污水的原理,认识曝气生物滤池,了解生物膜法的类型。

学习目标

(1)能观察生物膜生物相并加以描述,熟悉生物膜微生物类型;
(2)能构筑生物膜,掌握生物膜法的净化机理;
(3)认识生物膜法的几种类型;
(4)通过曝气生物滤池实例介绍,了解曝气生物滤池的特点和实际应用。

学习任务

(1)生物膜法的净化机理与生物相;
(2)曝气生物滤池处理城市污水。

任务一　生物膜法的净化机理与生物相

学习内容

(1)生物膜组成与结构;
(2)生物膜中的生物相;
(3)生物膜净化污水机理;
(4)生物膜的脱落与更新;
(5)生物膜法的类型。

工作内容

生物膜生物相的观察。

工作准备

(1)准备仪器:显微镜、载玻片、盖玻片、镊子。
(2)准备材料:取自污水处理厂曝气生物滤池中的生物膜。

![任务实施]

任务实施

（一）制备生物膜菌液

用镊子从填料上刮取一小块生物膜，用蒸馏水稀释，制成菌液。

（二）压滴法制片

用玻璃吸管反复吹吸生物膜菌液后，吸取菌液1滴，放在洁净的载玻片中央，将盖玻片轻轻盖上。注意先使盖玻片的一边接触水滴，然后轻轻压下，避免气泡产生。

（三）镜检

先用低倍镜观察，后用高倍镜观察，主要观察微生物形态、结构、丝状菌形态、数量，识别原生动物和微型后生动物种类。

取下载玻片，在盖玻片一侧滴加一滴美兰染色液染色，后继续观察。

（四）结果表述

根据观察结果表述生物膜中的生物相种类、数量和形态。

相关知识

（一）生物膜

1. 生物膜组成与结构

生物膜是微生物附着在固体介质表面生长繁殖而形成的膜状生物结构。

生物膜是由微生物和所吸附的有机物、无机物所组成，呈蓬松的絮状多孔结构，比表面积大，具有较强的吸附能力，是一层有较高生物活性的粘膜。

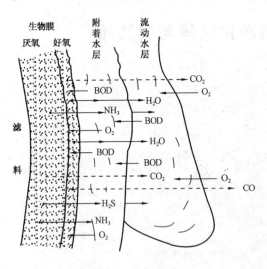

图 2-1　生物膜结构

成熟的生物膜一般可分为厌氧层和好氧层。厌氧层在内，好氧层在外。好氧层是有机物降解的主要场所，一般厚度为2mm。好氧层表面为附着水层，附着水层的外侧是处理水的流动层，再外侧是空气，见图2-1。

2. 生物膜中的生物相

生物膜中的生物群与活性污泥中的生物群没有大的差别，只是生物膜中微生物食物链比活性污泥中的长而且复杂，还有环节动物、昆虫幼虫等，这也就是生物膜法的泥量小的原因。

生物膜中微生物类群有细菌、真菌、藻类、原生动物及后生动物等。细菌包括好氧菌、兼性厌氧菌、厌氧菌，如假单胞菌属、无色杆菌属、黄杆菌属、产碱杆菌属等是生物膜中常见的细菌，还常有丝状的球衣菌和贝日阿托菌属。

生物膜上的真菌类和活性污泥中的不同，繁殖很快，在营养和生活环境方面和细菌有竞争关系。真菌类占优势的条件是温度、pH值、废水的性质、负荷等因素。一般来说，生物膜中还

— 92 —

是以细菌占优势为宜。在生物滤池中兼性厌氧菌常占优势,在 pH 值较低条件下真菌则会代谢活跃。

藻类通过光合作用供给细菌、真菌氧气,利于有机物的降解,但藻类过多生长会堵塞滤池,常见有小球藻属、席藻属。

生物膜中出现的原生动物数量最多的是纤毛虫类,其次是肉足虫类。生物膜中经常出现的后生动物有轮虫类、线虫类、寡毛类和昆虫及其幼虫类。原生动物和微型后生动物以细菌和颗粒状有机物为食,同时能吸收降解可溶解性有机物,起着控制细菌群体数量和净化作用。

（二）生物膜净化污水机理

生物膜法与活性污泥法的主要区别在于生物膜或固定生长,或附着生长于固体填料（或称载体）的表面,而活性污泥则以絮体方式悬浮生长于处理构筑物中。

生物膜的净化过程是通过生物膜对污水中污染物的传质、吸附、生物氧化作用完成的,见图 2-1。空气通过流动水层、附着水层扩散到生物膜为好氧菌利用,同时由于膜中污染物浓度低于膜外废水中的浓度,污染物顺浓度梯度传递到生物膜外层,溶解态和悬浮态的污染物被吸附截留,然后通过微生物的代谢活动氧化分解,分解产物沿着相反方向排除。结果,出水的有机物含量减少,废水得到了净化。

（三）生物膜的脱落与更新

1. 厌氧膜的出现过程

在生物膜氧化分解污染物的同时,还合成新的细胞物质,使生物膜不断增厚,当生物膜超过一定厚度时,污水中的氧很快被生物膜表层的微生物所消耗,而内层生物膜因缺氧而形成厌氧层。厌氧菌会产生有机酸、硫化氢等厌氧分解产物,影响出水水质。

2. 厌氧膜的加厚过程

当厌氧层刚形成时,生物膜仍然能保持净化功能,但随厌氧层的增厚,生物膜的净化功能下降。当厌氧层过厚时,厌氧的代谢产物增多,导致厌氧膜与好氧膜之间的平衡被破坏,气态产物的不断逸出,减弱了生物膜在填料上的附着能力,成为老化生物膜,其净化功能较差,且易于脱落。

3. 生物膜的更新

受到水力冲刷,老化膜就会脱落。老化膜脱落,新生生物膜又会逐渐生长起来,并具有较强的净化功能。

（四）生物膜法的类型

生物膜法种类丰富,其设备包括生物滤池、生物转盘、生物接触氧化池、好氧生物流化床等,见图 2-2。

1. 生物滤池

1）生物滤池工艺流程

生物滤池工艺流程一般由初沉池、生物滤池、二沉池组成。污水进入生物滤池前,先通过初沉池进行预处理,除去悬浮固体、油脂等物质,以免堵塞滤池。污水进入生物滤池,完成有机污染物的氧化降解。二沉池截留滤池中脱落的生物膜。由于生物膜附着在滤料上,保证了微生物量的稳定。

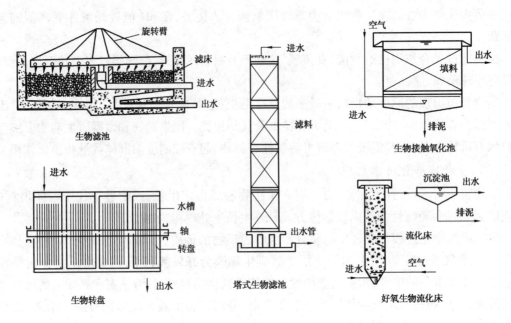

图2-2 生物膜法设备类型

2）生物滤池构造

生物滤池有矩形、圆形或多边形，其中以圆形为多。生物滤池采用旋转布水器连续布水，一般由进水口、池体、旋转、布水器、滤料、排水沟组成，如图2-3所示。

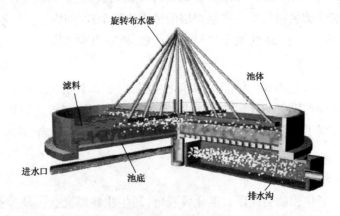

图2-3 生物滤池构造

滤池用砖石或钢筋混凝土构筑，滤池深度一般在2～3m之间，池底有一定坡度，水能自动流入集水沟，汇入排水管。布水设备由进水竖管和旋转横管组成，布水横管下面有直径为10～15mm的出水孔。

滤料是生物滤池的主体，它对生物滤池的净化功能有直接影响。滤料要求有一定强度、耐腐蚀、孔隙率大、表面积大、成本低，多采用碎石，卵石，炉渣，矿渣，焦炭或蜂窝型、波纹型塑料管等，滤料一般高1.5～2.0m。排水系统包括渗水装置、集水沟和排水管，除具有排水功能外，还有保证滤池通风的作用。

生物滤池具有结构简单、建设费用低、运行稳定、易于管理等优点；缺点是占地面积大、处理量小、滤料易堵塞、产生滤池蝇、卫生环境差。

3）塔式生物滤池

塔式生物滤池是一种高负荷生物滤池,其构造见图 2-4。

塔式生物滤池塔状圆形,较高,一般可达 20 多米,直径一般 1～3.5m。塔体砖砌或钢筋混凝土浇筑,分层设格栅,每层设检修孔、测温孔、检查孔。塔高增加,处理效果提高。滤料选轻质滤料,多采用环氧树脂填料。布水装置大、中型多采用旋转式布水器,小型多采用固定式喷嘴系统或多孔管溅水筛板等。通风多采用自然通风,当污水含有有毒物质时,采用机械通风。进水 BOD_5 控制在 500mg/L 以下,否则采用处理水回流。

滤池内通风良好,由于塔高,延长了污水与生物膜接触时间,污水与空气和生物膜接触非常充分,处理能力相对较高,有机负荷可达 2～3kg(BOD)/(m³·d)。由于 BOD 负荷高,生物膜生长迅速,但在较高水力负荷下受到水力冲刷,而使生物膜不断脱落、更新,使生物膜保持活跃处理状态,增强处理效果。一般塔式生物滤池的水力负荷比一般生物滤池高 2～10 倍,BOD 负荷高 2～3 倍。

塔式生物滤池具有占地面积小、耐冲击负荷能力强等优点,适于处理高浓度的有机废水,但其缺点是塔身高、操作管理不方便、能耗大。

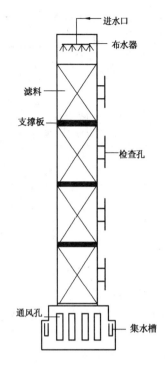

图 2-4 塔式生物滤池构造

2. 生物转盘

生物转盘是由传统生物滤池演变而来的,是由固定在横轴上的一系列距离很近的圆盘组成,见图 2-5。圆盘为生物膜附着的介质,在电机带动下,缓慢转动,一半浸在污水中,一半暴露在空气中。在废水中生物膜吸附和吸收废水中的有机物,在空气中时生物膜吸收氧气,氧化分解有机物,如此往复,污水得到净化。微生物还以有机物为营养自身合成,生物膜增厚到一定厚度会自行脱落,随出水一同进入二沉池进行固液分离。脱落的生物膜在二沉池中成为沉淀污泥,排入污泥处理系统。

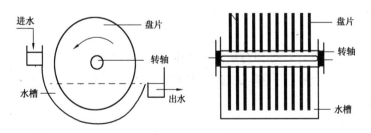

图 2-5 生物转盘结构

生物转盘由圆盘、水槽、转轴与驱动装置组成。圆盘直径一般为 1～4m,数目由水量和水质决定。相邻圆盘间距一般在 15～25mm 之间。生物转盘产泥量少,仅为活性污泥法的1/2左右,无需曝气和污泥回流,机械设备简单,便于维护管理,适于处理较高浓度的工业污水,但处理量不易过大。

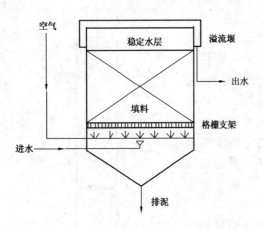

图2-6 生物接触氧化池构造

3. 生物接触氧化池

生物接触氧化池又称曝气生物滤池,是生物滤池与曝气池的结合,其构造见图2-6。在曝气池中填装碎石、焦炭、陶瓷颗粒、塑料板管、人造纤维等固体介质作为滤料。池底曝气充氧,使池体内污水处于流动状态,以保证污水与滤料上的生物膜不断接触。污水中的有机物被吸附在滤料表面的生物膜上,然后吸收、氧化分解,从而达到净化污水的作用。滤料上的生物膜也有增厚和脱落的过程。

4. 好氧生物流化床

好氧生物流化床以砂、焦炭或活性炭等细小惰性材料作为生物膜载体(载体颗粒小,表面积大),废水(先经充氧或床内充氧)自下向上流过滤床使载体层呈流动状态,广泛频繁的多次与生物膜接触,载体颗粒互相摩擦碰撞,既强化了传质过程,又提高了处理效率,BOD和氮去除率大于90%。由于载体不停地流动,还能有效地防止堵塞现象。

好氧生物硫化床工艺效率高、占地少、投资省,在美国、日本等国已用于污水硝化、脱氮等深度处理和污水二级处理,还应用于其他含酚工业废水、制药工业废水的处理。

任务二 曝气生物滤池处理城市污水

学习内容

(1)通过曝气生物滤池现场案例,掌握曝气生物滤池作用和原理,熟悉水解酸化池、反硝化生物滤池的作用和原理;

(2)曝气生物滤池特点。

现场案例

大庆油田中区污水处理厂处理对象是城市生活污水,主体工艺采取生物处理法,包括水解酸化池、一级曝气生物滤池、二级曝气生物滤池和反硝化生物滤池。

(一)水解酸化池

1. 水解酸化池的作用

水解酸化池主要用于去除污水中大部分固体悬浮物、胶体物质及生物滤池的老化微生物膜,将其中的固体有机物水解为可溶性小分子有机物,对污水中有机物进行一定程度的降解,将生物处理系统产生的老化生物膜进行水解使其达到减容和稳定的目的。

2. 水解酸化工艺特点

水解酸化工艺有两个显著的特点。其一,水解池取代了传统的初沉池,水解池对有机物的去除率远远高于传统的初沉池。经过水解处理,污水中的有机物不但在数量上发生了很大的变化,而且在理化性质上发生了更大的变化,使污水更适宜后继的好氧处理,可以用较少的气量在较短的停留时间内完成净化。其二,这种工艺在处理污水的同时,完成了对污泥的处理,使污水、污泥处理一元化,可以从传统的工艺过程中取消污泥消化池。作为一种替代的处理工艺,在总的停留时间和能耗等方面比传统的活性污泥要有很大的优势。

3. 水解酸化池工艺原理

水解酸化池集沉淀、吸附、生物降解于一体。水解酸化属于厌氧反应。污水由池底部进入,通过污泥床,水中厌氧颗粒物质和胶体物质被污泥微生物迅速截留和吸附,截留下来的物质吸附在水解污泥表面,进而被厌氧菌分解,同时在产酸菌的协同下使难降解的杂环大分子有机物转化为易生化的小分子有机物,释放到废水中。

(二)曝气生物滤池

1. 曝气生物滤池作用

污水从底部进入一级曝气生物滤池进行有机物的降解及部分氨氮的氧化,上向流出水后,从底部进入二级曝气生物滤池,进行剩余有机物的彻底降解及氨氮的完全氧化。

2. 曝气生物滤池工艺原理

滤池中填装一定量粒径较小的颗粒状陶粒滤料,滤料表面附着生长生物膜,滤池底部曝气。污水流经时,有机物、溶解氧及其他物质首先经过液相扩散到生物膜表面及内部,利用滤料上生物膜的强氧化降解能力对污水进行快速净化,此为生物氧化降解过程;同时,因污水流经时,滤料呈压实状态,利用滤料粒径较小的特点及生物膜的生物絮凝作用,截留污水中的悬浮物,且保证脱落的生物膜不会随水漂出,此为截留作用;运行一定时间后,需对滤池进行反冲洗,以释放截留的悬浮物并更新生物膜,此为反冲洗过程。

(三)反硝化生物滤池

1. 反硝化生物滤池作用

污水经布水布气渠进入滤料层,通过滤料截留去除悬浮物、胶体,同时发生反硝化反应去除亚硝态氮和硝态氮,处理后的水汇入集水槽,经工艺排水管线流入反洗用水蓄水池。

2. 反硝化生物滤池工艺原理

反硝化过程是将硝化反应过程中产生的亚硝酸盐和硝酸盐还原成氮气的过程,反硝化菌是一类异养兼性缺氧型微生物。当有分子态氧存在时,反硝化菌氧化分解有机物,利用分子氧作为最终电子受体,当无分子态氧存在时,反硝化细菌利用亚硝酸盐和硝酸盐中的N^{3+}和N^{5+}做为电子受体,有机物则作为碳源,提供电子供体提供能量并得到氧化稳定,由此可知反硝化反应须在缺氧条件下进行。从NO_3^-还原为N_2的过程如下:

$$NO_3^- \longrightarrow NO_2^- \longrightarrow NO \longrightarrow N_2O \longrightarrow N_2$$

在反硝化滤池入口处投加硫酸铝,在滤床填料的作用下诱发微絮凝反应,使磷的积累体沉淀物截流于滤床中,再通过周期性的反冲洗将磷泥排出系统外,最终在反洗废水缓冲沉淀池和水解酸化池随系统排泥而去除,最终达到污水除磷目的。

最后污水经过紫外线消毒间消毒处理后的水质可达到 GB 18918—2002《城镇污水处理厂污染物排放标准》中的一级 A 类标准。

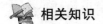 **相关知识**

（一）曝气生物滤池简介

曝气生物滤池（简称BAF）是20世纪80年代末在欧美发展起来的一种新型生物膜法污水处理工艺。该工艺具有去除SS（悬浮固体物质，即悬浮物）、COD、BOD₅、AOX（有害物质）和硝化、脱氮、除磷的作用。

世界上首座BAF于1981年在法国投产，随后在美国、加拿大、日本等国得到广泛应用。BAF在我国作为一种新工艺，正处于推广阶段。大连市马栏河污水处理厂是我国第一个采用BAF工艺的城市污水处理厂。大庆陈家大院泡污水处理厂和大庆油田西城区污水处理厂均采用曝气生物滤池法处理城市污水。

（二）曝气生物滤池特点

曝气生物滤池集生物氧化和截留悬浮固体与一体，省去了后续二次沉淀池。曝气生物滤池与普通活性污泥法相比，其有机物容积负荷高、水力负荷大、水力停留时间短、不必进行污泥回流、占地面积小（是普通活性污泥法的1/3）、所需基建投资少，不会产生污泥膨胀、氧传输效率高、出水水质好、运行能耗低、投资少（节约30%）、运行费用省、运行管理方便。但曝气生物滤池对进水SS要求较严（一般要求SS≤100mg/L，最好SS≤60mg/L），因此对进水需要进行预处理。

滤池在运行时生物滤料层截留部分悬浮物、生物絮凝吸附的部分胶体颗粒和老化脱落的微生物膜等，这些物质的过多存在显著地增加了曝气生物滤池的过滤阻力，会使处理能力减小和处理出水水质下降，所以运行一定时间必须对滤池进行反冲洗。

曝气生物滤池的应用范围较为广泛，在生活污水、水深度处理、微污染源水处理、难降解有机物处理中都有很好的应用。

自我检测

1. 有关污水处理生物膜法，请回答以下问题。

（1）生物膜是由_____和吸附的_____、_____组成。

（2）生物膜生物相包括哪些种类？

（3）成熟的生物膜分为_____层和_____层，_____层是有机物降解的主要场所。

（4）生物膜法包括_____、_____、_____、_____。

（5）生物膜法的所有构筑物都离不开_____。

2. 生物转盘由_____、_____、_____与_____组成。生物转盘的盘片上附着_____，随着转盘的缓慢旋转交替地与空气接触而_____，对污水中的有机物进行_____，使污水得到净化。

3. 生物滤池构造由_____、_____、_____、_____组成。曝气生物滤池特点是集_____和_____一体，节省了后续_____，不会产生_____。

4. 简述生物膜净化污水的机理。

5. 简述生物膜的更新与脱落过程。

6. 简述曝气生物滤池的工艺原理。

—— 98 ——

学习情境三　稳定塘法处理污水

 情境简介

　　稳定塘法是常用的生活污水、农田污水、家禽养殖污水生物处理方法,被广泛用于中小水量城镇污水、食品工业污水、含农药污水的生物处理。通过本情境的学习,使学生了解稳定塘的类型和特点,掌握稳定塘净化污水的原理。

学习目标

　　(1)能根据污水类型和处理要求选择合适的稳定塘;
　　(2)掌握稳定塘的生物相和净化机理;
　　(3)熟悉稳定塘的类型和特点;
　　(4)了解深度处理塘的作用;
　　(5)了解农药的生物降解途径。

现场案例

　　(一)山东省东营市污水处理与利用生态工程

　　东营市污水处理与利用生态工程于2000年10月建成,设计处理水量1×10^5t/d,占地面积约110公顷,是目前国内应用稳定塘处理系统设计较为完善的一座污水处理厂。污水水质见表3－1。

表3－1　进水水质情况一览表

项目	生化需氧量(BOD)	化学需氧量(COD)	悬浮物(SS)	总氮(TN)	总磷(TP)	氨氮($NH_3 - N$)
浓度,mg/L	70	150	70	30	5	20

　　该工程因地制宜,将现有的一个水库适当修整分隔后,改造成高效厌氧塘、曝气塘、曝气养鱼塘等生物处理单元;将附近的盐碱荒地建成养鱼塘、藕塘、芦苇塘等生态利用单元。

　　在该系统中高效厌氧塘、曝气塘和曝气养鱼塘为主要处理塘系统。高效厌氧塘去除大部分(80%以上)有机污染物和重金属,使有机物进行厌氧消化和减容;曝气塘是将厌氧塘出水中的中间产物以及剩余的BOD和COD进行强化的氧化降解,同时在同化过程中产生活性污泥凝絮,其出水进入其后的曝气养鱼塘后通过养鱼将其捕食消耗,而不必进行剩余污泥的处理。

　　曝气养鱼塘出水在温暖季节流入养鱼塘。在养鱼塘中通过藻菌共生系统的作用,产生藻类及浮游动物,供鱼作饵料,通过鱼的捕食消耗而使污水得到进一步净化;同时鱼的排泄物也增加了污染。养鱼塘出水进入藕塘,鱼的粪便等排泄物沉入塘底作为底肥,使藕增长,同时使污水得到净化。最后藕塘出水进入苇塘,芦苇具有很强的和广谱的净化效果,其淹没于水中的茎、叶、根是微生物附着生长的活载体,在其上形成生物膜,能对水中剩余的有机物进行有效的生物氧化降解;芦苇的根、茎通过吸收能有效地去除重金属和盐类,因此其出水水质良好,出水

SS、BOD₅ 和 COD 分别达到 5 ~ 10mg/L,5 ~ 10mg/L 和 20 ~ 30mg/L。

本工程在养鱼塘中尚未放养鱼苗、藕和芦苇未开始种植的情况下,经现场检测,最终的出水完全符合国家标准的要求。

本工程采用稳定塘处理系统,将污水的处理与利用有机地结合起来,实现了污水的资源化。曝气养鱼塘作为人工景点,将污水处理厂建成了一座生态公园。

(二)稳定塘(WSP)和人工湿地(CW)组合工艺深度处理城市污水处理厂二级出水

稳定塘(WSP)和人工湿地(CW)工艺作为污水生态处理技术,具有处理效果好、投资少、运行维护费用低、能够改善局部生态环境等特点。山东省淄博市采用"CW + WSP"组合工艺对城市污水处理厂二级出水进行深度处理和综合利用。

山东省淄博市临淄区是我国著名的石油化工基地之一,工业用水量大,且以地下水为主。为了改变临淄城区水环境不断恶化及缓解水资源匮乏的状况,当地政府根据城区的发展规划和排水管网的现状,分三段依次建成潜流型湿地、表面流型湿地和稳定塘(人工湖),将城市污水处理厂出水引入湿地和稳定塘中进行生态深度处理。处理后的水在稳定塘中贮存,为农业灌溉、水产养殖、水景休闲和城市杂用水提供新的水源,改善局部生态环境,实现水资源的综合利用。

 相关知识

(一)稳定塘法

1. 稳定塘简介

稳定塘是自然的或人工开挖的污水池塘,又称氧化塘、生物塘。稳定塘是一种古老而又不断发展的、在自然条件下处理污水的生物处理系统。稳定塘系统由若干自然或人工挖掘的池塘组成,主要依靠水塘中的微生物和藻类等自然生物的净化功能净化污水。污水在塘中的净化过程与自然水体的自净过程相近。

稳定塘具有构筑简单、能耗低、管理方便等特点。最初,稳定塘仅用于中小水量的生活污水和农田污水的处理,现在已逐渐应用到食品、造纸、农药、制革等工业污水的处理。目前我国已有几十座稳定塘在运行。

2. 稳定塘法的净化机理

如图 3 - 1 所示,稳定塘是利用塘中细菌和藻类的共生关系,来降解有机污染物的生物处理系统。在生物塘中,有机污染物在好氧菌的作用下氧化分解,产物中的二氧化碳、磷酸盐、铵盐等无机物及小分子有机物成为藻类的营养源,供藻类生长;藻类通过光合作用固定二氧化碳并摄取氮、磷等营养物质,放出氧气供好氧菌利用,从而构成菌藻共生系统,污水得到净化。增殖的菌体与藻类又成为微型动物的食物。

污水经生物塘处理后,有机物显著减少,病原体也显著减少,如大肠杆菌的去除率通常可达到98%。

3. 稳定塘内的生物相

与其他生物处理法相比,稳定塘内藻类很多,浮游动物也大量出现。

1)细菌

稳定塘内的细菌主要存在于中、下层。在好氧状态的稳定塘内,常见的优势菌为假单胞菌属、产碱杆菌属、黄杆菌属、芽孢杆菌属和光合细菌。在厌氧状态的塘的底部,有硫酸盐还原菌

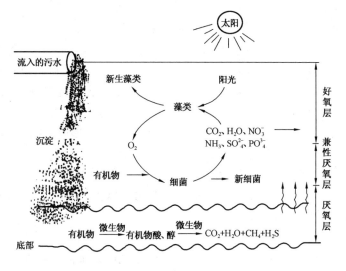

图 3-1　稳定塘中细菌和藻类的共生关系

和产甲烷菌。

2）藻类

稳定塘的表层主要是藻类,常见的有小球藻属、栅列藻属、衣藻属及裸藻属及蓝细菌中的某些种类,共有 56 个属 138 个种,藻类是自养生物,但也能摄取废水中的溶解态的小分子有机物,直接参与有机物的去除,表现出异养的特征。在有机负荷较高的塘内,衣藻、小球藻、裸藻等优势生长。夏季稳定塘内每毫升水含有藻类高达 $(1 \sim 5) \times 10^6$ 个,冬季明显减少,大约是夏季的 $1/6 \sim 1/2$。以干重计,每年每平方米稳定塘水面的藻类产量可达 10kg 左右。

3）原生动物和后生动物

与活性污泥法和生物膜法相比,稳定塘内原生动物的种类和个体数量较少,可见到的有钟虫、膜袋虫。后生动物主要是轮虫和甲壳类,常见的有腔轮虫、臂尾轮虫、狭甲轮虫、椎轮虫、水蚤等。底泥中存在摇蚊幼虫。

(二)稳定塘的类型和特点

根据稳定塘内溶解氧的量和塘内微生物的优势群体可将稳定塘分为好氧稳定塘、兼性稳定塘和厌氧稳定塘三种类型。

1. 好氧稳定塘

好氧稳定塘为浅塘,整个水层处于有氧状态,深度一般小于 0.5m,阳光能够透过水层,能直接射入塘底。藻类生长茂盛,水体中的溶解氧主要靠藻类光合作用供给。藻类光合作用使塘内的溶解氧呈昼夜变化。

污水在好氧塘内停留时间短,一般为 2~6 天,适于处理 BOD 负荷较低的污水,BOD 负荷约为 $10 \sim 20 g/(m^2 \cdot d)$,BOD 去除率可达 80%~95%。另外,藻类的光合作用利用了水中的无机 N 和无机 P,所以好氧塘还具有脱氮除磷的作用。好氧塘出水常带有大量藻类,需要对出水进行除藻处理,也可加以利用。好氧塘出水水质相当二级处理出水,可达排放标准。

当 BOD 负荷较大时,好氧塘会出现供氧不足而成为兼性塘,为加强供氧,可采取强制曝气补足供氧,这样具有曝气装置的氧化塘称为曝气氧化塘。在曝气条件下,藻类的生长与光合作用受到抑制,曝气氧化塘塘深在 1.8~4.5m,污水停留时间为 3~8 天,BOD 负荷约为 30~

$60g/(m^2 \cdot d)$，BOD 去除率可达 $60\% \sim 80\%$。曝气氧化塘处理水排放前须进行沉淀。

2. 兼性稳定塘

兼性稳定塘塘深在 $0.6 \sim 2.0m$。在阳光能够照射透入的塘的上层为好氧层，由好氧异养微生物对有机污染物进行氧化分解。中间层为兼性区，兼性区的溶解氧含量较低，且时有时无，其中存在着异养型兼性好氧细菌，它们既能利用水中的少量溶解氧对有机物进行氧化分解，又能在无氧的条件下，以 NO_3^-、CO_3^{2-} 作为电子受体进行无氧代谢。水中的悬浮固体物质以及藻类、细菌、植物等死亡后所产生的有机固体下沉到塘底，形成污泥层，由厌氧微生物进行厌氧发酵。

大部分氧化塘采用兼性氧化塘，污水在塘内停留时间为 $7 \sim 30$ 天，BOD 负荷约为 $2 \sim 10g/(m^2 \cdot d)$，BOD 去除率可达 $75\% \sim 90\%$。兼性塘是城市污水处理常用的一种稳定塘，也能用于处理石油化工、印染、造纸等工业废水。

3. 厌氧稳定塘

厌氧塘深度一般在 $2m$ 以上，一般为 $2.5 \sim 3.5m$ 或更深，除表面一薄层外绝大部分处于厌氧状态。厌氧塘是依靠厌氧菌的代谢使有机污染物得到降解，包括水解、产酸及甲烷发酵等厌氧反应全过程。

厌氧塘内污水有机负荷率高，BOD 负荷高达 $35 \sim 60g/(m^2 \cdot d)$，污水净化速度慢，污水在塘内停留时间长达 $30 \sim 50$ 天，BOD 去除率仅有 $50\% \sim 70\%$。厌氧塘适于处理水量较小的高浓度有机废水，一般置于塘系统的首端，作为预处理设施，在其后再设兼性塘、好氧塘做进一步处理，这样可以大大减少后续处理塘的负荷。由于厌氧分解，厌氧塘出水呈黑色并有臭气。

厌氧塘对于高温、高浓度的有机废水有很好的去除效果，如食品、生物制药、农药、石油化工、屠宰场、畜牧场、养殖场、制浆造纸、酿酒等工业废水。对于醇、醛、酚、酮等化学物质和重金属也有一定的去除作用。

氧化塘可根据天然池塘、自然地势进行设计规划。稳定塘具有构筑物简单、能耗低、运行费用低的特点，但受季节影响大，一般处理效果夏季高于冬季，相差达 10 倍之多，不能保证全年都达到处理要求，这是氧化塘的主要缺点。污水进入氧化塘前设置预处理，以降低悬浮物含量，提高处理效果。

(三)深度处理塘

深度处理是指城市污水或工业废水经一级、二级处理后，为了达到一定的回用水标准的进一步处理过程。常用于处理传统二级处理的出水，目的是进一步提高二级处理水的出水水质。其作用是去除水中微量的 COD 和 BOD、SS、氮和磷等营养物质及盐类，以满足受纳水体或回用水的水质要求。

当再生水用途对 SS、COD、色度、气味有特殊要求时，应在二级处理后增加混凝过滤、生物膜过滤、深度处理塘、臭氧氧化、活性炭吸附等净化单元。

深度处理塘又称三级处理塘或熟化塘，采用好氧塘或曝气塘的形式。其进水有机污染物浓度低，一般 $BOD_5 \leqslant 30mg/L$。水力停留时间也短。

(四)农药的生物降解

人工合成的有机化合物形形色色，多种多样，如农药、合成洗涤剂、染料、食品添加剂等，其中大多可被微生物代谢而降解。

1. 农药降解的一般途径

目前农药主要有有机磷、有机氮和有机氯农药。农药有以下特征：均有毒，对农作物病、虫、菌、草有杀死和抑制作用;多稳定,不易分解;具有脂溶性,易于被生物(草、虫、菌)吸收并积累,沿食物链传递,在人和其他生物的脂肪、肝、肾等部位累积。

关于农药的生物降解已有很多研究,由于农药的生物降解受环境条件和微生物种类的影响,因此每一种农药的生物降解途径还不确定,但已总结出一般的降解途径,主要是通过产生适应性酶、利用降解性质粒、共代谢途径等方式将农药转化、降解。

例如,2,4-D(2,4-二氯苯氧乙酸)是高效低残留的除草剂,是氯代苯氧乙酸类农药,半衰期仅几天或几周,在土壤中降解迅速,其微生物降解途径如图3-2所示。

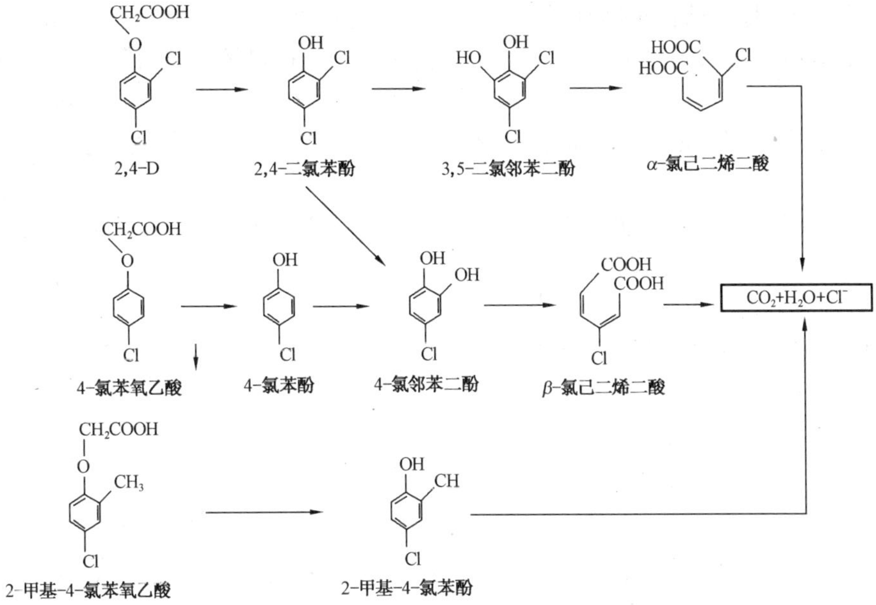

图3-2 氯代苯氧乙酸类的生物降解途径

又如,DDT(二氯二苯三氯乙烷)是众所周知的在环境中长期滞留的一种农药,半衰期半年以上。至今尚未分离到一株能以DDT为唯一碳源和能源的微生物。但已有证据表明,产气气杆菌和氢丛毛杆菌可通过共代谢途径,将DDT转变为对氯苯乙酸和对氯苯甲酸,如图3-3所示,而对氯苯乙酸和对氯苯甲酸可被其他微生物继续降解。

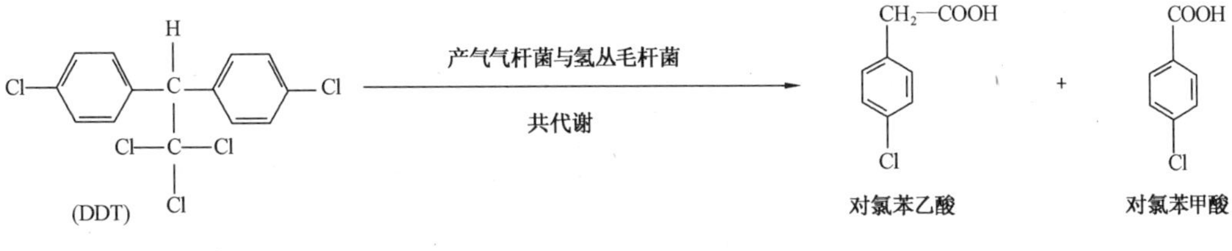

图3-3 DDT的共代谢

有机氯农药不易降解,最具危险性;有机磷、有机氮农药一般都具水溶性,容易降解。人工合成的农药,有的在环境中迅速降解,有的则在环境中长期存留或经微生物代谢的中间产物能在环境中长期滞留,有的还具有致畸、致癌作用。例如,有机氯农药杀虫脒,经微生物代谢的中间产物4-氯邻甲苯胺的致癌作用比原农药强近10倍。

2. 降解农药的微生物

在自然界能直接以农药为碳源和能源的微生物种类和数目不多。降解农药的微生物主要有细菌、放线菌和霉菌。细菌主要有假单胞菌属、芽孢杆菌属、产碱菌属、黄杆菌属、无色杆菌属、棒状杆菌属、节杆菌属等；放线菌有诺卡氏菌属、链霉菌属的某些种；霉菌以曲霉属为代表。

自我检测

1. 稳定塘法是利用水塘中的_____和_____等生物的自然净化功能净化污水。

2. 不同深浅的稳定塘在净化机理上不同，分为_____塘、_____塘、_____塘。

3. 好氧塘深度较浅，一般小于_____ m，主要由_____提供溶解氧，依靠_____对有机物进行降解。

4. 厌氧塘深度一般在_____ m 以上，有机负荷率_____，净化速度_____，污水停留时间_____。

5. 曝气塘是经过人工强化的稳定塘，塘深大于_____ m，采取_____方式供氧，塘内全部处于_____状态，由_____起净化作用，污水停留时间较短。

6. 分析好氧塘内污水净化原理。

7. 如何根据污水水质选择合适的稳定塘？

学习情境四 有机废水沼气发酵

情境简介

废水的沼气发酵是有机物在厌氧条件下被厌氧微生物消化降解,能在较高的负荷下运行,产生甲烷,既处理了污水又获得了清洁能源,同时沼气发酵液还可培植农作物和果树,此法可用于食品工业、发酵工业、禽畜养殖及屠宰行业排出的高浓度有机废水的处理。通过本情境的学习,使学生掌握废水甲烷发酵的原理和厌氧生物处理的影响因素,了解厌氧处理工艺。

学习目标

(1)通过沼气发酵的操作和管理,能初步确定甲烷发酵的条件;
(2)掌握甲烷发酵机理;
(3)熟悉参与甲烷发酵的微生物;
(4)了解厌氧生物处理的影响因素;
(5)了解废水厌氧处理工艺。

操作要求

1. 检查沼气池

修建的沼气池必须严格密闭,不漏水,不漏气。

2. 加入菌种

一般投入的新鲜发酵原料本身带有的菌种很少,如果不预先富集和加入沼气菌种,将会迟迟不产气或产气少(或产气中甲烷含量少),因此在新池启动或老池大换料时,一定要添加一定量的接种物。接种物太少,不利于产气;接种物过多,又会占去沼气池的有效容积,影响产气量。加入接种物的数量一般应占发酵料液总重量的10%～30%为宜。

含有优良沼气菌种的接种物普遍存在于粪坑底污泥、下水道污泥、沼气发酵的渣水、沼泽污泥和豆制品作坊下水沟污泥中,新建沼气池可以到这些地方去收集菌种。

3. 选择发酵原料

可作为沼气发酵原料的有机物质是相当丰富的,除矿物油和木质素外,所有的有机物(如人畜粪尿、作物秸秆、青草、垃圾、含有机质的工业废水、污泥等)都可以作为沼气发酵原料。不同的发酵原料,由于所含的化学成分不同,其产气潜力和特性(如消化分解速度)也存在很大差异,见表4-1。在我国农村,人畜粪便和作物秸秆是主要的发酵原料。人、畜和家禽粪便富含氮元素,含有大量低分子化合物,含水量较高。因此,在进行沼气发酵时,它们不必进行预处理,就容易厌氧分解,产气很快,发酵期较短。秸秆和秕壳等农作物的残余物,富含纤维素、半纤维素、果胶以及难降解的木质素和植物蜡质,称"富碳原料",比富氮的粪便质地疏松,比重小,进沼气池后容易飘浮形成发酵死区——浮壳层,发酵前一般需经预处理,富碳原料厌氧分解比富氮原料慢,产气周期较长,产气量高。

表 4 - 1　几种物质沼气发酵的产气量

物　质	沼气,mL	CH_4,%	CO_2,%
乙　醇	974	75	25
纤维素	830	50	50
脂　肪	1250	68	32
蛋白质	704	71	29

4. 控制温度

一些发酵工业排出的有机废水、废物,如酒厂排出的酒糟,由于排放温度都在 70℃ 以上,不需要外部补充热量来提高发酵原料温度,一般都采用高温发酵。城市污泥、工业有机废水、大中型农牧场的牲畜粪便等,适宜采用中温发酵。农村的沼气发酵,因为条件的限制,一般都采用常温发酵,冬季池温低产气少或不产气。为了提高沼气池温度,在北方寒冷地区,多把沼气池修建在塑料日光温室内或太阳能禽畜舍内,使池温增高,提高冬季的产气量,达到常年产气。

5. 调节原料浓度

农村沼气池一般要求发酵原料的干物质浓度为 6% ~ 30%,在这个范围内,沼气池的初始浓度要低一些,这样做便于启动。夏季和初秋池温高,原料分解快,浓度可低一些,一般为 6% ~8% 。冬季、初春池温低,原料分解慢,干物质浓度应保持在 10% ~ 30% 。

6. 调节 pH 值

沼气池沼气发酵初期,由于产酸细菌的活动产生大量的有机酸,使 pH 值下降,随着发酵继续进行,一方面氨化细菌产生的氨中和了一部分有机酸,另一方面甲烷菌利用有机酸转化成甲烷,这样使 pH 值又恢复到正常值,这样的循环继续下去使池内的 pH 值一直保持在 7.0 ~ 7.5 的范围内,使发酵正常进行。

沼气池内的料液发酵时,只要保持一定的水分、接种物和适宜的温度,它就会正常发酵,不需要进行调整。如沼气池初始启动时,投料浓度过高,接种物中的产甲烷菌数量又不足,或者向沼气池内一次加入大量的鸡粪、薯渣,造成发酵料液浓度过高,都会因产甲烷的速度失调而引起挥发酸的积累,导致 pH 值下降,造成沼气池启动失败或运行失常。此时,可取出部分料液,加入等量的新料液,稀释挥发酸,或添加适量的草木灰、石灰澄清液调整酸碱度。

7. 搅拌

搅拌目的是使池内温度均匀,进入的原料与池内孰料充分混合,防止底部物料出现酸积累现象,并使气体顺利放出。

 相关知识

(一)厌氧生物处理法

废水厌氧生物处理是指在无分子氧的条件下,通过厌氧微生物(包括兼氧微生物)的作用,将废水中各种复杂有机物分解转化成甲烷、二氧化碳及小分子有机物的过程,又称为厌氧消化、厌氧发酵。

在厌氧生物处理的过程中,复杂的有机化合物被分解,转化为简单、稳定的化合物,同时释放能量。其中,大部分的能量以甲烷的形式出现,这是一种可燃气体,可回收利用。同时仅少量有机物被转化而合成为新的细胞组成部分,故与好氧生物处理相比,厌氧处理污染物降解慢,有机物降解不完全,微生物增殖少。

好氧法因为供氧限制一般只适用于中、低浓度有机废水的处理,而厌氧法适用于高浓度有机废水(一般 $BOD_5 \geqslant 2000mg/L$)。厌氧法主要用于食品工业、发酵工业、禽畜养殖及屠宰行业排出的高浓度有机废水的处理,也可用于废水活性污泥法产生的剩余污泥、废水生物膜法脱落的生物膜等含有机质丰富的污泥处理,及含难降解有机物工业废水的处理。同时厌氧法还可降解某些好氧法难以降解的有机物,如固体有机物、着色剂蒽醌和某些偶氮染料等。

(二)甲烷发酵的机理

甲烷发酵过程,实质上是微生物的物质代谢和能量转换过程,在分解代谢过程中微生物获得能量和物质,以满足自身生长繁殖,同时大部分物质转化为甲烷和二氧化碳。

有机污染物厌氧分解生成甲烷的生物化学过程可分为液化(或水解)阶段、酸化阶段和产甲烷阶段三个阶段。

1. 液化(水解)阶段

液化阶段,即水解阶段,是指复杂的大分子有机污染物在水解性细菌产生的胞外酶,如纤维素酶、淀粉酶、蛋白质酶和脂肪酶等的作用下,对有机物质进行体外水解,把固体有机物转变成可溶于水的物质。如将多糖水解成单糖或二糖,蛋白质分解成多肽和氨基酸,脂肪分解成甘油和脂肪酸。这些分子量较小的可溶性物质就可以进入微生物细胞之内被进一步分解利用。多种因素如温度、有机物的组成、水解产物的浓度等可影响水解的速度与水解的程度。

2. 酸化阶段

各种可溶性小分子化合物(单糖、氨基酸、脂肪酸),在发酵细菌和产氢产乙酸菌细胞内酶的作用下继续分解转化成低分子物质,如乙酸、丁酸、丙酸、乳酸以及醇等简单的有机物质,同时也有部分 H_2、CO_2、NH_3 和 H_2S 等无机物释放。但在这个阶段中主要的产物是乙酸,约占70%以上,所以称为产酸阶段。参加这一阶段的细菌称之为产酸菌。

液化阶段和产酸阶段是一个连续过程。它是经过多种微生物的协同作用,将原料中的大分子有机物分解成合成甲烷的基质,如乙酸、丁酸、醇、CO_2、H_2 等,不产生甲烷,因此称为不产甲烷阶段。它可以看成是一个原料加工阶段,即将复杂的有机物转变成可供产甲烷细菌利用的物质,为产甲烷菌提供营养和为甲烷菌创造适宜的厌氧条件。在不产甲烷阶段起作用的微生物种类很多、数量很大,并因发酵原料不同而存在着很大差异,其中绝大多数是严格厌氧菌,还有少量的兼性厌氧菌存在,这些兼性厌氧菌能够起到保护像产甲烷菌这样的严格厌氧菌免受氧的损害与抑制。

3. 产甲烷阶段

这个阶段是在产甲烷细菌作用下,将乙酸、二氧化碳和氢气等转化为甲烷的过程。产甲烷菌不仅可将乙酸分解为 CO_2 和 CH_4;还可以用 H_2 将 CO_2 还原成 CH_4。甲烷的产生有如下几种反应。

(1)由挥发酸或其盐形成甲烷。

$$2CH_3CH_2CH_2COOH + 2H_2O + CO_2 \longrightarrow 4CH_3COOH + CH_4$$

$$CH_3COOH \longrightarrow CH_4 + CO_2$$

$$CH_3COONH_4 + H_2O \longrightarrow CH_4 + NH_4^+ + HCO_3^-$$

(2)由醇与 CO_2 形成甲烷。

$$2CH_3CH_2OH + CO_2 \longrightarrow 2CH_3COOH + CH_4$$

(3)H_2 还原 CO_2 成甲烷。

$$CO_2 + 4H_2 \longrightarrow CH_4 + 2H_2O$$

水解过程通常较缓慢,因此被认为是含高分子有机物厌氧降解的限速阶段。但简单的糖类、淀粉、氨基酸和一般蛋白质均能被微生物迅速分解,对含这类有机物的废水,产甲烷易成为限速阶段。沼气发酵的三个阶段是相互依赖和连续进行的,并保持动态平衡。如果平衡遭到破坏,沼气发酵将受到影响甚至停止。

沼气发酵初期大量产生挥发酸,在挥发酸浓度迅速增高的同时,氨态氮浓度急剧上升。氨态氮浓度达到高峰时,挥发酸浓度下降,产气量和气体中甲烷含量上升并达到高峰。之后的一段时间内,产气量和甲烷含量等基本稳定,而挥发酸浓度明显下降。这说明沼气发酵过程中,各生化因子都有一个明显变化,但彼此又相互依赖和相互制约,达到液化、产酸和产甲烷阶段的动态平衡。

(三)甲烷发酵中的微生物类型

甲烷发酵是一个复杂的微生物学过程,参与甲烷发酵的微生物包括水解性菌、产酸菌、产甲烷菌三大类群。前两类群细菌的活动可使有机物形成各种有机酸,将其统称为不产甲烷菌。这些微生物按照各自的营养需要,起着不同的物质转化作用。从复杂有机物的降解,到甲烷的形成,它们分工合作并相互作用完成。

水解性菌种类繁多,根据作用基质来分,有纤维分解菌、半纤维分解菌、淀粉分解菌、蛋白质分解菌、脂肪分解菌等。它们将难溶的大分子有机物水解为溶解性的小分子有机物,从而进入细菌细胞内进一步分解和转化。产酸菌又称挥发性酸生成菌,在厌氧发酵反应器中的微生物多具有产酸作用。

产甲烷菌是沼气发酵的关键菌,它们严格厌氧,对氧和氧化剂非常敏感,最适宜的 pH 值范围为中性或微碱性。它们依靠其他微生物的代谢产物(如甲酸、乙酸、甲醇、乙醇、二氧化碳、氢等)生长,并以废物的形式排出甲烷,是要求生长物质最简单的微生物,种类少。

在厌氧底泥中,还有少量的酵母菌和原生动物存在。

(四)厌氧生物处理的影响因素

废水厌氧发酵是在无氧条件下由进行厌氧呼吸的微生物分解净化有机物的过程。由于在此过程中的产甲烷菌对环境条件变化非常敏感,所以废水厌氧发酵对环境条件的要求更严格。一般认为,控制厌氧处理效率的影响因素有严格的厌氧环境、适宜的发酵原料及浓度、温度、pH 值。

1. 严格的厌氧环境

无氧环境是严格厌氧的产甲烷菌繁殖的最基本条件之一,产甲烷菌对氧和氧化剂非常敏感。所以厌氧处理必须保证无氧环境,即氧化还原电位较低的环境,产甲烷菌初始繁殖的环境条件是氧化还原电位不能高于 $-0.3V$。因此,要求厌氧发酵反应器为密闭系统,严格控制空气的进入。

2. 适宜的发酵原料及浓度

沼气发酵原料是产生沼气的物质基础,又是沼气细菌赖以生存的养料来源。沼气细菌在沼气池内正常生长繁殖过程中,必须从发酵原料里吸取充足的营养物质,如水分、碳素、氮素、无机盐类和大量的硫、磷、钠、钙、镁等元素。沼气池中尤其要有充足的碳、氮、磷源及适宜的配比,一般认为,厌氧处理中碳:氮:磷控制在(200~300):5:1为宜。

沼气池里有机物质的发酵必须要有适量的水分才能进行。如果发酵料液中含水量过少,发酵液的浓度过大,就容易造成有机酸的大量积累,不利于沼气细菌生长,发酵受阻;如果水太多,发酵液过稀,单位容积内有机物含量少,产气量就少,不利于沼气池的充分利用。所以,沼气池发酵液必须保持适宜的浓度。

3. 适宜的发酵温度

沼气发酵的温度范围较广,一般10~60℃都能产生沼气。低于10℃或高于60℃都会抑制微生物生存、繁殖,影响产气。

根据废水厌氧处理过程中起作用的微生物对温度的要求,可将厌氧处理过程分为低温型、中温型和高温型。低温型为5~15℃,中温型为30~35℃,高温型为50~60℃。污水净化速度是高温型>中温型>低温型,且产气量也是高温型比低温型大,高温型对寄生虫卵的杀灭率可达90%以上。但高温型加热保温能耗高,费用大,适于南方气温高的环境或对产气量有较高要求时才选用,目前国内外常用的是中温型,且技术比较成熟。

4. 适宜的pH值

产甲烷菌对pH值的要求较为严格,要求发酵原料的酸碱度保持中性或微偏碱性。产甲烷菌最适生长pH值约为6.8~7.5;pH值在6~8之间,均可产气;pH值小于6或大于8其生长将受到抑制,影响产气;pH值低于4.9或高于9时均不产气。

在实际厌氧处理运行中,系统中的pH值并不主要取决于进水pH值,而与处理过程中累积的挥发酸量关系更大。以乙酸计,系统中累积浓度大于2000mg/L,甲烷菌的代谢受到抑制,处理速度明显减慢,产气量明显减少。因此,为防止pH值较大幅度的变化,在处理系统中需加入适量的酸碱缓冲剂,如$CaCO_3$,以保证处理效果和产气量。

(五)废水厌氧处理工艺

废水厌氧处理工艺有普通厌氧消化池、厌氧接触消化池、厌氧滤池(AF)、厌氧流化床(AFB)、上流式厌氧污泥床(UASB)等,见图4-1。

普通厌氧消化池也称常规消化池,污水间歇地或连续地进入消化池,上部排水,顶部排沼气,水力或机械搅拌装置充分混合,水力停留时间等于固体停留时间,无污泥回流。活性污泥浓度不高,一般5%。停留时间一般为25~30天。

厌氧接触消化池是在常规消化池的基础上增设了污泥回流装置,污泥浓度增至10%甚至20%左右,效率较高,停留时间约为1~10天。

厌氧滤池是反应器内全部或部分填充填料供微生物附着生长,填料有较大的比表面积和较高的孔隙度。一般为上升式,需要在过滤器后设沉淀分离装置分离生物膜。停留时间一般约0.5~3天。

升流式厌氧污泥床(UASB)反应器是一个无填料的容器,内有一污泥层。运行时污水以一定流速自下进入反应器,通过一个悬浮的污泥层,料液和污泥菌体接触反应并产生沼气小气泡,气泡托起使污泥上升,在上部有一个关键装置气—液—固三相分离器,使污泥下沉,气水分离。

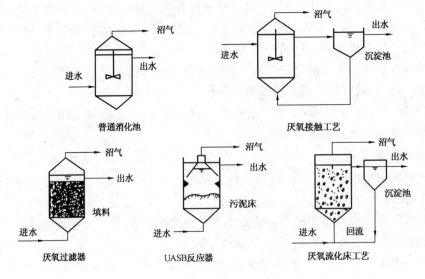

图 4-1 废水厌氧处理工艺

自我检测

1. (1) 在废水厌氧生物处理中,有机废水 BOD_5 一般_____ mg/L。

(2) 在废水厌氧生物处理中,有机物的厌氧降解过程可分为三个阶段,即_____、_____、_____等。

(3) 在废水厌氧生物处理中,一般认为有机物厌氧处理中,碳:氮:磷控制在_____为宜。

(4) 在废水厌氧生物处理中,参与废水甲烷发酵的微生物包括_____、_____、_____等三大类群,其中关键菌是_____。

(5) 在废水厌氧生物处理中,厌氧处理工艺有_____、_____、_____、_____、_____等。

2. 有哪些因素影响废水厌氧发酵?

3. 分析有机物厌氧处理与好氧处理有何区别。

4. 简述有机污染物厌氧分解生成甲烷的生物化学过程。

5. 在废水沼气发酵的操作和管理中,应注意哪些问题?

学习情境五 生活饮用水的细菌检验

情境简介

饮用水安全保障技术是人类研究的重要课题。水的细菌检验,是评价水体污染状况的一个重要依据,也是生活饮用水的卫生标准检验项目,包括水中细菌总数和总大肠菌群数的测定。通过本情境的学习,使学生能进行水的细菌检验工作,掌握水的细菌检验方法和标准。

学习目标

(1)通过平板计数法测定生活饮用水中的细菌总数,并对检测结果作出准确评价;

(2)通过滤膜法测定生活饮用水中总大肠菌群数,对结果作出准确评价,并能检测水源水、地表水和污水的总大肠菌群数;

(3)掌握生活饮用水细菌总数和大肠菌群数的国家卫生标准,掌握水的细菌学检验方法;

(4)了解微生物在自然界的分布和相互关系,理解微生物在自然界碳素、氮素、硫素及磷素循环中的作用。

学习任务

(1)生活饮用水中细菌总数测定;

(2)生活饮用水中总大肠菌群的测定。

任务一 生活饮用水中细菌总数测定

学习内容

(1)生活饮用水的细菌总数测定方法和评价方法;

(2)微生物在自然界中的分布;

(3)微生物间的相互关系;

(4)微生物在物质循环中的作用。

工作内容

平皿菌落计数法测定生活饮用水的细菌总数,并作出评价。

工作准备

(1)准备仪器:恒温培养箱、酒精灯、无菌培养皿、无菌试管、1mL 无菌吸管。

(2)准备培养基:营养琼脂培养基。

(3)取样前准备:从自来水龙头采集饮用水水样,不要选用漏水的龙头。采水前先用水冲洗水龙头,再用酒精灯火焰灼烧水龙头灭菌约 5min 或用 70% 的酒精消毒,然后打开水龙头至最大,放水 5～10min,除去水管中的滞留杂质。

📖 **方法介绍**

(一)水中细菌总数的测定

1. 测定方法

水中细菌总数测定是进行水质检验的项目之一,测定方法是平皿菌落计数法。平皿菌落计数法是判断饮用水、水源水、地表水等污染程度和卫生学标准的检测方法。

细菌总数实际是指 1mL 水样在营养琼脂培养基中,在 37℃ 培养 24h 后生长的腐生细菌菌落的总数。测得的细菌总数包括水中异养的好氧菌、兼性厌氧菌。

细菌总数的多寡反映水体中有机物污染的程度。GB 5749—2006《生活饮用水卫生标准》规定生活饮用水国家卫生标准:细菌总数 1mL 水不超过 100 个。

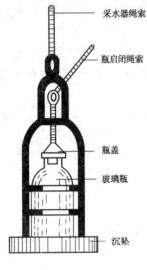

图 5-1 采样瓶

采水器绳索

瓶启闭绳索

瓶盖

玻璃瓶

沉坠

2. 水样要求

对于检验水样的处理,原则上从干净的水中(自来水、矿泉水等)直接取样,水质差的按十倍稀释法稀释到一定倍数,然后取样进行检测。

供卫生细菌学检验的水样,采集前所用容器必须按照规定进行灭菌,以保证不被污染任何细菌。水样不应完全装满水样瓶,便于检验前能够充分摇匀。并需保证水样运送、保存过程不受污染。水样必须具有代表性。

自来水水样含有余氯时,应在水样瓶未灭菌前按每 500mL 水样加 3% 硫代硫酸钠 1mL 计,加在水样瓶中,然后灭菌备用。

河水、井水、海水水样的采集要用特制的采样瓶(种类多,图 5-1 是常用的一种),按需要坠入一定深度取样。水样采集后应迅速检验。若不能马上检验,需放在 4℃ 冰箱内保存,应在报告中注明水样采集与检验时间。较清洁水样可在 12h 内检验,污水要在 6h 内检验。

(二)平皿菌落计数法检测水中细菌总数的操作步骤

1. 水样的稀释

1)选择稀释度

选择适宜的稀释度,以在平皿上培养的菌落数在 30～300 之间为宜。例如,如果水样直接接种培养的平皿计数高达 3000,水样应稀释到 1:100 后,再进行平皿计数。饮用水水样,直接接种 1mL,所得的菌落总数可用于计数。

2)水样的稀释方法

(1)将水样(内有玻璃珠)用力振荡 20min,使可能存在的细菌凝团打破,呈分散状。

(2)以无菌操作吸取 1mL 充分混合均匀的水样,注入盛有 9mL 无菌水的试管中,混匀得 1:10 的稀释液。吸取 1:10 的稀释液 1mL 注入盛有 9mL 无菌水的试管中,混匀得 1:100 的稀释液。

(3)按上述相同方法依次稀释成 1:1000、1:10000 等一系列稀释液。注意吸取不同浓度的稀释液时,必须更换吸管。

2. 接种培养

（1）以无菌操作用 1mL 无菌吸管吸取充分混合均匀的水样或 2~3 个适宜浓度的稀释水样 1mL,注入无菌培养皿中,后倾入约 15mL 已融化并冷却到 45℃ 左右的营养琼脂培养基,盖上皿盖,并立即在桌面旋摇平皿,使水样与培养基充分混匀。每个稀释度的水样做 2~3 个平行样。另有一个平皿只倾注营养琼脂培养基做空白对照。

（2）待琼脂冷却凝固后,倒置于 37℃ 恒温培养箱内培养 24h。

3. 菌落计数

培养 24h 后,立即进行计数。如计数暂缓进行,平皿需于 5~10℃ 冰箱内存放,且不可超过 24h。

进行平皿菌落计数时,可用菌落计数器或放大镜观察,以防遗漏。逐一记下各平皿的菌落数,求出每一稀释度的平均菌落数。如果平皿中有较大片状菌落生长,则不宜采用,而以其他平皿菌落数作为该稀释度的菌落计数。如果片状菌落占不到平皿的一半,其余部分菌落分布均匀,则可选菌落分布均匀的一半计数,后乘以 2 代表全皿菌落数。如果由于操作过程中有杂菌污染,或对照平皿显示有杂菌污染,或平皿菌落无法计数,则实验失败,需重做,应报告"实验事故"。

平皿中距离相近但不接触的菌落,在其之间距离不小于最小菌落的直径的情况下,应予以计数。相互接触但外观(如形态或颜色)相异的菌落,也应予以计数。

4. 计算并报告计数结果

1）计算菌落总数

菌落总数是以每个稀释度平皿菌落的平均数乘以稀释倍数而得出的。

2）菌落计数结果的报告原则

菌落数小于 100 时,按实有数报告;菌落数大于 100 时,采用两位有效数字,采取"四舍六入五留双"的原则取舍,用科学记数法表示。在报告菌落数为"无法计数"时,应注明水样的稀释度。

3）报告细则

各种情况的计数方法和报告方式见表 5-1。

表 5-1　不同情况菌落计数及报告方式

例次	不同稀释度的平均菌落数			两稀释度菌落数之比	菌落总数个/mL	报告方式个/mL
	×10⁻¹	×10⁻²	×10⁻³			
1	1265	124	22	—	12400	1.2×10^4
2	2670	265	48	1.8	37250	3.7×10^4
3	2870	220	55	2.5	22000	2.2×10^4
4	无法计数	1469	425		425000	4.2×10^5
5	26	14	6	—	260	2.6×10^2
6	1568	315	11	—	31500	3.2×10^4

（1）选择平均菌落数在 30~300 之间的稀释度计算。当只有一个稀释度的平均菌落数符合此范围时,即以该平均菌落数乘以其稀释倍数报告计数结果。

（2）若有两个稀释度的平均菌落数均在 30~300 之间,则应按二者之比值计算。若其比值小于 2,则应报告两者的平均数;若其比值大于 2,则应报告其中较小的数值。

（3）若所有稀释度的平均菌落数均大于300,则应按稀释倍数最大的平均菌落数乘以稀释倍数报告计数结果。

（4）若所有稀释度的平均菌落数均小于30,则应按稀释倍数最小的平均菌落数乘以稀释倍数报告计数结果。

（5）若所有稀释度的平均菌落数均不在30～300之间,则以最接近300或30的平均菌落数乘以稀释倍数报告计数结果。

任务实施

（一）取水样

无菌操作,接自来水10mL左右于无菌试管中,马上加盖。

（二）倒平板

用无菌1mL吸管取1mL混匀的饮用水水样于无菌培养皿中,后倾入约15mL已融化并冷却到45℃左右的营养琼脂培养基,盖上皿盖,并立即在桌面旋摇平皿,使水样与培养基充分混匀。作两个平行样和一个空白对照。

（三）培养

待琼脂冷却凝固后,倒置于37℃恒温培养箱内培养24h。

（四）计数

培养24h后,立即进行计数。检得的菌落数即为1mL自来水中所含有的细菌总数。

（五）报告结果

如水样合格应写:经平板菌落计数法检验生活饮用水,细菌总数××个,少于100个/mL,符合规定。

如水样不合格应写:经平板菌落计数法检验生活饮用水,细菌总数×××个,大于100个/mL,不符合规定。

最后检验人签名。

相关知识

（一）微生物在环境中的分布

微生物由于个体微小、适应性强等特点,在自然界广泛分布,可以说"无孔不入"。土壤、水体、空气、生物体内外都存在着大量的微生物,但由于环境条件的不同,微生物的种类和数量也不相同。

1. 土壤中微生物

1）土壤是微生物的天然培养基

土壤是自然界最适宜微生物生长的环境,具有微生物所需营养物质和各种条件,包括有机质、水分、空气、各种矿质元素及合适的温度、酸碱度、渗透压,无论是盛夏,还是寒冬,土壤中都存在大量的微生物,故土壤是微生物良好的天然培养基。

土壤中富含动植物尸体和排泄物,所以有机质丰富。土壤水分和空气充盈在土壤颗粒孔隙中,并溶有各种无机盐类,其中包含微量元素。土壤中氧气的含量虽低于空气中氧的含量,但平均含量仍占土壤空气容积的7%～8%,通气良好的土壤空气含量就更多,利于好氧微生物的生长。土壤 pH 值一般在 5.5～8.5 之间,是微生物生长的适宜环境。土壤渗透压通常为 0.3～0.6MPa,对土壤微生物来说相当于等渗或低渗环境,利于营养的吸收。土壤具有保温性,与空气相比,昼夜温差和季节温差的变化要小得多,即使冬季表面冻结,一定深度土层仍会保持一定的温度。在表层土几毫米以下,微生物可免于受阳光直射致死。这些都是微生物生长的有利条件,所以土壤中微生物数量最大,种类最多,是微生物资源库。据分析统计,肥沃土壤中通常每克含有几亿至几十亿个微生物,贫瘠土壤每克也含有几百万至几千万个微生物。

2)土壤中微生物类群

土壤中微生物种类极其丰富,主要有细菌、放线菌、真菌、藻类及原生动物等类群。细菌数量最多,每克土壤中约含有几百万至几千万个细菌,占土壤微生物总数的 70%～90%,大约有几百种,多数为异养腐生菌,少数是自养菌,多为中温型的好氧和兼性好氧菌。人和动物的病原菌虽可在土壤中生存,但由于营养和理化条件不适,及其他微生物的拮抗作用等因素,土壤不适于病原菌的生长。

放线菌在土壤中数量最多,仅次于细菌,每克土壤中约含有几万至几百万个放线菌,数量约为细菌的 1/10,碱性土壤中更多,种类主要有诺卡氏菌属、链霉菌属和小单胞菌属。

土壤中真菌以菌丝体和孢子的形式存在,主要生活在近地面土层中,每克土壤中约含有几千至几十万个,丝状霉菌在通气好的近地面土壤中,生物总量常常大于细菌和放线菌;酵母菌在普通耕作土中并不多,每克土壤中含有几个至几千个,但在含糖量高的果园土、菜地土中较多。

土壤中的藻类常见有蓝藻和硅藻,其中蓝藻数量最多,为土壤提供有机质。原生动物生活在土粒周围的水膜中,捕食细菌、真菌、藻类及有机颗粒。

土壤中微生物主要来源于动植物残体、排泄物及尸体,排入的污水和固体废弃物。土壤微生物的数量、种类和分布主要受到营养物、含水量、氧、温度、pH 值等因子的影响,并随土壤类型、季节变化而有很大变化,还与土层的深度有关。一般土壤表层微生物数量最多,随着土层的加深,微生物的数量逐步减少。在有机质丰富的黑土、草甸土、森林土中微生物数量多,细菌和霉菌含量高。

2. 水体中的微生物

1)水体是微生物的天然生境

水体具有微生物生命活动适宜的温度、溶解氧、pH 值,是微生物生存的良好基质。无论淡水还是海水,都存在着微生物生活所必需的营养,尤其是污染水体中含有大量的有机物,适于各种微生物生长,所以水体是仅次于土壤的微生物天然培养基。

2)水体中微生物类群

水体中有细菌、放线菌、真菌、藻类、原生动物、微型后生动物等。细菌最多,自然界中细菌共 47 科,水体中就有 39 科。水体中微生物种类和数量受水质、水温、pH 值、溶解氧、光照、渗透压等环境条件的影响很大。

淡水中微生物主要来源于土壤、空气、污水及死亡腐败的动植物残体。污染的河流、湖泊淡水含菌量很高,每毫升水中有约几千万至几亿个,多为异养腐生菌,如芽孢杆菌、假单胞菌、大肠杆菌、生孢梭菌、粪链球菌等,还含有痢疾、伤寒、肝炎等病原菌。

溪流等清洁水体缺乏营养,每毫升水中一般含有几十个至几百个细菌,并以自养型为主,常见的有紫硫细菌、绿硫细菌、蓝细菌、球衣菌、纤发菌等。此外,还有许多藻类,如绿藻、硅藻等,原生动物有纤毛虫、鞭毛虫和变形虫等。微型后生动物有轮虫、线虫等。

海水中有其固有的微生物种类,但比淡水中少得多,常见的有假单胞菌属、黄杆菌属、芽孢杆菌属、无色杆菌属等。海水中微生物是耐盐、嗜冷、耐高渗透压的种类。在海底沉积物中存在着大量的厌氧和兼性厌氧菌。

无论海水还是淡水,不同深度的水中,细菌分布不同,距水面 5～20m 的水层细菌最多,20m 以下,细菌随深度增加而减少,到海底菌数又增加。

3. 空气中微生物

1)空气中微生物来源

空气中有较强的紫外线照射,缺乏营养和载体,干燥,温度变化大,所以空气不是微生物生长的良好环境,但空气中仍含有相当数量的微生物。

微生物通过各种方式传入空气,又随风传播。空气中微生物主要来源于土壤扬尘、水面吹起的飞沫、生物体表、人和动物呼吸道排泄物,以尘埃、飞沫形式逸散到空气中。

2)空气中微生物数量和分布

空气中微生物主要有细菌、病毒、放线菌和真菌孢子及菌丝等,多为异养腐生菌。空气中的微生物在空中停留并存活的时间很短,有的甚至几秒钟内死亡,大部分很快坠落到地面,有的可存活几周、几个月或更长时间。在空气中普遍存在的是霉菌孢子和球菌、杆菌。在医院和公共场所,致病菌、病毒的数量较多,如结核杆菌、白喉杆菌、链球菌、肺炎双球菌、炭疽杆菌、流感病毒等。

空气中微生物的数量取决于尘埃和水分的多少,空气中尘埃越多,微生物种类和数量越多。人口密集的城市市区微生物含量高于人口少的郊区,裸露土地上空的微生物含量高于绿化地上空,且随着高度的增加,微生物数量减少,并与风力、雨雪、附着尘埃的大小有关。

(二)微生物间的相互关系

自然界中,生活在同一环境中的不同类群的微生物之间,以及微生物与其他生物之间相互影响、彼此制约,主要表现出共生、互生、寄生、拮抗四大关系。

1. 共生关系

共生是指两种生物共同生活在一起,彼此依赖、分工协作,彼此分开就不能很好生活。例如,地衣是微生物间共生的典型例子,它是真菌和蓝细菌的共生体,真菌分解有机物,为蓝细菌提供光合作用原料;而蓝细菌进行光合作用合成有机物,为真菌生长提供碳源。

又如根瘤菌与豆科植物形成共生体,是微生物与高等植物共生的典型例子。根瘤菌与豆科植物形成的根瘤是共生体,根瘤菌固定大气中的气态氮为植物提供氮素养料;豆科植物的根的分泌物能刺激根瘤菌的生长,同时,还为根瘤菌提供保护和稳定作用。瘤胃微生物与反刍动物的关系是微生物与动物间共生的典型,反刍动物如牛、羊、骆驼等为瘤胃中微生物提供丰富有机营养和生活环境,但这些动物本身不能分解纤维素,而瘤胃中的微生物能分解纤维素,为动物提供碳源。

2. 互生关系

互生关系是指两种可以单独生活的生物生活在一起,双方互利或一方有利。这种相互关系可分可合,合比分好。例如,土壤中的固氮菌能固定空气中的氮气,但不能利用纤维素作碳源和能源;而纤维素分解菌能分解纤维素为有机酸,但对自身生长不利。当二者生活在一起时,固氮菌固定的有机氮化物为纤维素分解菌作为氮源,纤维素分解菌产生的有机酸被固氮菌作为碳源和能源,同时解除对纤维素分解菌的毒害,双方互相有利。

微生物与动植物之间也存在着互生关系。在植物根际生长的微生物降解环境中的有机物,使之成为适合于植物吸收的溶解态营养物,植物为根际微生物提供了适宜的生活环境,并分泌各种有机和无机物质,为根际微生物提供营养。人和动物体肠道中的微生物能完成多种代谢反应,合成人和动物生长不可缺少的营养物质,而人和动物为微生物提供了良好的生存环境,双方互相有利,促进生长。

3. 寄生关系

寄生关系是指一种生物生活在另一种生物的体内或体表,从中获取营养进行生长,且在一定条件下损害或杀死另一种生物的现象。前一种生物称为寄生者,后一种生物称为寄主或宿主。例如,噬菌体寄生于细菌体内;动植物体内或体表寄生着病毒、细菌和真菌。可利用寄生关系杀死对人和动植物有害的生物,如利用昆虫、病原微生物防治农业害虫;利用绿脓杆菌的噬菌体清除绿脓杆菌,治愈皮肤伤面的感染。

4. 拮抗关系

拮抗关系是指一种微生物在其生命活动中,产生某种代谢产物或改变环境条件,从而抑制其他微生物的生长,甚至杀死其他微生物的现象。例如,青霉菌产生的青霉素能抑制革兰氏阳性菌和部分革兰氏阴性菌;在酸菜、泡菜和青饲料制作过程中,由于乳酸菌的旺盛繁殖,产生大量乳酸,使环境变酸而抑制腐败细菌的生长;链霉菌产生的制霉菌素能抑制酵母菌和霉菌的生长;酵母菌在无氧条件下产生大量乙醇,对其他微生物有抑制作用。

(三)微生物在自然界物质循环中的作用

在自然界物质循环中,微生物把复杂的有机物分解为无机物,供自养生物作为营养物质。由于微生物的作用,解决了自然界物质资源的有限性与生物界繁衍对元素资源需求的无限性之间的矛盾。在自然界存在的有机物都能被自然界中的微生物所分解,微生物参与自然界的物质循环。

1. 碳元素循环

碳元素是构成生物体的最重要的一种元素,是生物体的骨架。绿色植物、蓝细菌、藻类、光合细菌等自养生物通过光合作用把大气中的 CO_2 固定为有机碳,它们是有机碳的主要合成者。自养生物合成的有机碳沿食物链转移并转化,并通过动植物和人的呼吸作用将部分有机碳分解,释放能量,生成 CO_2 返还到大气中。动植物、人、微生物的排泄物和尸体被微生物分解,释放二氧化碳。在一定条件下,未分解的有机物经地质变迁形成煤和石油等矿物燃料,当火山爆发或矿物燃料燃烧时,释放出 CO_2。在有氧条件下,几乎所有的碳最终都被转化为 CO_2。碳素循环方式见图 5-2。

微生物在碳元素循环中参与 CO_2 的固定和 CO_2 的再生。

1)CO_2 的固定——碳的有机化

CO_2 的固定是将 CO_2 合成为碳水化合物的过程。光能自养型微生物和化能自养型微生物能完成 CO_2 的固定。

光能型微生物包括藻类、蓝细菌和光合细菌等,通过光合作用固定 CO_2。藻类和蓝细菌与绿色植物相同,进行产氧的光合作用;而光合细菌,主要是紫硫细菌和绿硫细菌,进行的是不产氧的光合作用。在有氧环境 CO_2 的固定以藻类和蓝细菌占优势,而在无氧环境则以光合细菌占优势。

化能型微生物以 CO_2 为碳源,以 H_2、H_2S、NH_4^+、NO_2^-、$S_2O_3^{2-}$、Fe^{2+} 等为能源,常见有氢细

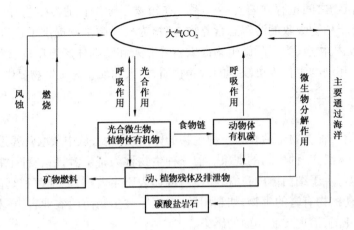

图 5 - 2　自然界碳素循环

菌、硝化细菌、硫化细菌、铁细菌等。

2）CO_2 的再生——有机碳的矿化

CO_2 再生是将含碳有机物分解为 CO_2 的过程。自然界有机碳化物的分解，主要是微生物的作用。

在有氧条件下，有机物被好氧和兼性好氧的异养微生物降解，一部分有机碳转化为细胞物质，一部分降解为 CO_2。大部分细菌、几乎全部放线菌和真菌参与有机物的好氧分解。环境中氮、磷等元素的浓度能影响有机物降解速度，菌体 C：N：P 比例约为100：10：1，氮、磷含量不足会制约有机物的分解。

在厌氧条件下，有机物被厌氧或兼性厌氧的异养微生物降解，厌氧分解的产物是有机酸、醇、CO_2、H_2 等，还有一部分转化为细胞物质。厌氧条件下的有机物分解作用几乎全部是细菌的作用。有机物厌氧分解释放能量少，导致了有机物分解速率慢，细胞得率低，基质降解不彻底。

自然界中分解有机物作用较强的微生物类群主要有：好氧性细菌，如芽孢杆菌属、假单胞菌属；厌氧性细菌，以梭菌属为主；放线菌，主要是链霉菌属；真菌，如青霉属、曲霉属、毛霉属、根霉属、木霉属等。

2. 氮元素循环

氮元素是蛋白质的基本成分。自然界中氮的存在形式有大气中的分子态氮、有机态氮和无机态氮。有机态氮主要包括氨基酸、蛋白质、核酸、尿酸、尿素等。无机氮主要指铵盐、硝酸盐、亚硝酸盐等。在微生物、植物、动物的共同作用下，分子氮、无机氮、有机氮相互转化，完成自然界中氮素循环。

空气中的分子氮被微生物固定成氨态氮，转化成微生物和植物体内有机氮化物，并沿食链转移并转化。当动植物和微生物的尸体及其排泄物等有机氮化物被各种微生物分解时，又以氨的形式释放出来。氨在有氧的条件下，通过硝化作用氧化成硝酸盐，可被植物和微生物吸收利用，而在无氧条件下，硝酸盐可被还原成为分子态氮返回大气中，完成氮素循环，见图5－3。

微生物在氮元素循环中主要参与固氮作用、氨化作用、硝化作用、反硝化作用。

1）固氮作用

大气中分子态氮被转化为无机结合态氮，进而转化为有机氮的过程称为固氮作用。自然

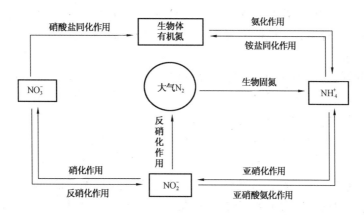

图 5-3 自然界氮素循环

界固氮的途径有两种,一种是非生物固氮,主要是闪电、高温放电固氮;一种是生物固氮,即通过微生物作用固氮,大约占地球总固氮量的90%。具有固氮作用的微生物主要是固氮菌、蓝细菌等。根据固氮方式可将生物固氮分为自生固氮、共生固氮和联合固氮三种类型。

(1)自生固氮:指固氮作用独立进行,如固氮菌和蓝细菌。它们自由生活,可将大气中的N_2转化为含氮化合物但不释放到环境中,而是进一步转化为细胞内有机氮。只有当自生固氮菌死亡后,细胞被分解,通过氨化作用释放出氨,被植物和微生物吸收利用。故自生固氮间接供给氮源,固氮效率低,且环境中有结合态氮(NH_4^+、NO_3^-)时,自生固氮菌就失去固氮能力。

(2)共生固氮:指固氮微生物与植物形成共生体,固氮微生物固定的氮直接供给植物利用,如根瘤菌与豆科植物、弗兰克菌与非豆科植物、蓝细菌与真菌。共生固氮直接供给植物氮源,固氮效率高。环境中有NH_4^+存在时,共生固氮菌仍有固氮作用。

(3)联合固氮:指固氮微生物与植物之间存在的一种简单共生现象,是一种介于自生固氮和共生固氮之间的中间类型。普遍存在于禾本科植物的根际和叶际,如某些固氮菌与植物根际或叶际之间的简单的固氮作用。它与典型共生固氮的区别是不形成根瘤、叶瘤结构;与自生固氮的不同是有较大的专一性,且固氮作用较自生固氮强得多。联合固氮菌与植物生活在一起时,菌的数量和固氮能力都比单独生活时高得多,它们在增强农作物氮素营养方面具有重要意义。

2)氨化作用

氨化作用即脱氨基作用,指含氮有机物经微生物的分解而释放氨的过程。大多数细菌、放线菌、真菌都具有很强的氨化能力,称为氨化菌。氨化菌既有好氧菌也有厌氧菌,主要有芽孢杆菌、假单胞菌、变形杆菌、色杆菌、放线菌以及青霉、曲霉、根霉、毛霉等。

3)硝化作用

微生物将氨态氮在有氧条件下,氧化为硝酸盐的过程。硝化作用由两类细菌分两个阶段完成。

第一阶段由亚硝化细菌完成,并从中获得能量,将氨态氮氧化为亚硝酸盐,过程可表示为:

$$2NH_3 + 3O_2 \longrightarrow 2HNO_2 + 2H_2O + 619kJ$$

第二阶段由硝化细菌完成,并从中获得能量,将亚硝酸盐氧化为硝酸盐,过程可表示为:

$$2HNO_2 + O_2 \longrightarrow 2HNO_3 + 210kJ$$

亚硝化细菌和硝化细菌都是化能自养菌且专性好氧,它们均以二氧化碳为唯一碳源。它们适于中性或弱碱性环境,pH 值范围为 7.5 ~ 8.5,pH <6 时,硝化作用明显减弱。

4)反硝化作用

微生物将硝酸盐还原为分子态氮的过程,称为反硝化作用。能进行反硝化作用的微生物称为硝酸盐还原菌。反硝化作用只有在无氧条件下才能进行。参与反硝化作用的微生物主要是异养反硝化菌,也有自养反硝化菌。脱氮硫杆菌为自养反硝化菌,在缺氧环境中利用 NO_3^- 氧化环境中的硫或硫代硫酸盐为硫酸盐,从中获得能量同化 CO_2。

3. 硫元素循环

硫是生物的重要营养元素。自然界中硫素的存在形式有单质硫、无机化合态硫、有机态硫。有机态硫主要包括一些含硫氨基酸、含硫蛋白质、维生素、辅酶等。无机化合态硫主要是硫酸盐和硫化物。

自然界中的硫和 H_2S,经微生物氧化成为硫酸盐,硫酸盐被微生物和植物吸收同化为有机硫化物,成为自身组成物质,并沿食物链转移并转化。动植物和微生物尸体及排泄物被微生物分解,有机硫降解释放出 H_2S、S,返回到自然环境中。硫酸盐在缺氧环境中,能被微生物还原成为 H_2S。自然界中硫素循环见图 5 - 4。

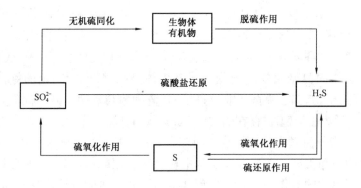

图 5 - 4　自然界硫素循环

微生物在自然界硫元素循环中主要参与有机硫的分解作用、无机硫的同化作用、硫化作用、反硫化作用。

(1)有机硫的分解作用。

动植物和微生物尸体及排泄物中的有机硫化物,被微生物分解为无机硫的过程,即为有机硫的分解。异养微生物在降解有机氮化物时,同时进行脱巯基作用,释放出其中含硫组分。这一过程并不具有专一性,含硫有机物大都含氮,脱巯基作用和脱氨基作用往往是同时进行的。

(2)无机硫的同化作用。

生物将环境中的硫酸盐和 H_2S 转化为自身细胞物质的过程,称为同化作用。大多数微生物与植物一样,能利用硫酸盐作为唯一硫源,将其同化为含硫基蛋白质等有机物。只有少数微生物能利用 H_2S,大多数情况下 H_2S 和 S 等都须先转化为硫酸盐,再同化为含硫有机物。

（3）硫化作用。

在有氧条件下，微生物将 H_2S、S、$S_2O_3^{2-}$、SO_3^{2-} 等还原态硫氧化为硫酸盐的过程。进行硫化作用的微生物主要分为光合硫细菌和非光合硫细菌两大类。

① 光合硫细菌。光合硫细菌是光合细菌的一种，但其光合作用不释放分子氧。光合硫细菌主要是着色菌科和绿硫菌科，如紫硫细菌和绿硫细菌。光合硫细菌大多是专性厌氧的自养微生物，在光照和厌氧条件下能将硫化物氧化为元素硫，或进一步氧化为硫酸盐，其中大多数菌种可在细胞内积累单质硫的颗粒，有的则在细胞外积累硫粒。

② 非光合硫细菌。非光合作用的硫细菌大多是专性好氧、专性化能自养菌，只有少数例外。主要是硫化菌科和贝氏菌科，一些可在细胞内积累硫粒，如硫杆菌、发硫细菌、贝氏细菌等。

（4）反硫化作用。

在厌氧条件下，微生物将硫酸盐和其他氧化态的硫化物还原为 H_2S 的过程，称为反硫化作用。能进行反硫化作用的微生物称为硫酸盐还原菌，主要有脱硫弧菌、脱硫杆菌、脱硫球菌等，如脱硫弧菌是典型的硫酸盐还原菌，其作用为：

$$C_6H_{12}O_6 + 3H_2SO_4 \longrightarrow 6CO_2 + 6H_2O + 3H_2S + 能量$$

在通气不良的土壤中，反硫化作用会使土壤中 H_2S 含量增多，对植物有害。

4. 磷元素循环

磷是所有生物细胞必不可少的元素。自然界中磷的存在形式有溶解态的无机磷酸盐、不溶解的无机磷酸盐和有机磷三种。有机磷包括核酸、高能量化合物 ATP、卵磷脂、磷脂等。

磷元素循环与碳、氮、硫元素循环不同，没有磷的氧化还原，主要表现为磷酸根的有效化和无效化的转变。可溶性无机磷酸盐被植物和微生物吸收后同化为有机磷，并沿食物链转移和转化。动植物、微生物残体和排泄物中的有机磷被微生物分解，生成可被植物吸收利用的无机磷酸盐。而可溶性的无机磷酸盐在土壤中转化为不溶性的磷酸盐，但在微生物的作用下，又可将不溶性的磷酸盐溶解，从而使自然界磷素循环周而复始地进行。

自然界磷元素循环包括可溶性无机磷的同化、有机磷的矿化及不溶性磷的溶解等。

（1）无机磷的同化。

可溶性的无机磷酸盐被微生物和植物吸收并同化为有机磷，成为生物细胞组分。在水体中，磷的同化作用主要是由藻类进行的，在土壤中细菌固定大量的磷。

（2）有机磷的矿化。

有机磷的矿化作用是伴随着有机硫和有机氮的矿化作用同时进行的。降解有机磷的异养微生物包括细菌、放线菌和真菌等，许多土壤微生物都可利用有机磷，如解磷巨大芽孢杆菌、解磷假单胞菌、蜡状芽孢杆菌、多黏芽孢杆菌等。

（3）难溶无机磷的可溶化作用。

沉积物中不溶性磷酸盐如磷酸钙、含氟磷灰石等在微生物代谢产生的硝酸、硫酸及有机酸的作用下转化为可溶性的磷酸一氢钙、磷酸二氢钙等。具有产酸作用的微生物都能利用产酸作用促进难溶无机磷的溶解。

$$Ca_3(PO_4)_2 + H_2SO_4 \longrightarrow 2CaHPO_4 + CaSO_4$$

任务二　生活饮用水中总大肠菌群的测定

学习内容

（1）水中总大肠菌群数的测定方法和评价方法；

（2）水中常见病原菌；

（3）大肠菌群作为指标的意义及生化特性；

（4）生活饮用水细菌标准。

工作内容

滤膜法测定生活饮用水中总大肠菌群数，并作出评价。

工作准备

1. 准备仪器

高压蒸汽灭菌、显微镜、滤器（图5-5）、恒温培养箱、真空泵、镊子、酒精灯、载玻片、接种环、接种针、无菌500mL玻璃瓶、滤膜（多孔性硝化纤维薄膜，膜直径47mm，厚0.1mm，滤膜中孔径在0.45~0.65μm）；

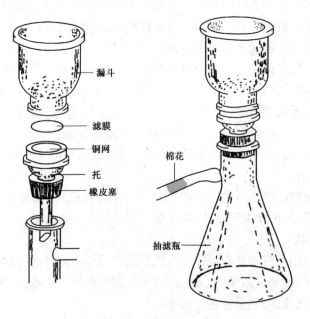

漏斗

滤膜

铜网

托

橡皮塞

棉花

抽滤瓶

图5-5　滤器

2. 准备培养基

见附录Ⅰ，准备品红亚硫酸钠培养基、乳糖蛋白胨半固体培养基；

3. 准备试剂

香柏油、革兰氏染色液、卢哥氏碘液、95%酒精、沙黄、1:3乙醇乙醚混合液。

4. 取样前准备

从自来水龙头采集饮用水水样,不要选用漏水的龙头。采水前先用水冲洗水龙头,再用酒精灯火焰灼烧水龙头灭菌约 3min 或用 70% 的酒精消毒,然后打开水龙头至最大,放水 5 ~ 10min,除去水管中的滞留杂质。

方法介绍

(一)水中总大肠菌群的测定方法

大肠菌群的检验方法主要有滤膜法和多管发酵法。前者主要适用于杂质较少的水样,操作简便快速;后者适用于各种水样(包括底泥),但操作较繁,所需时间长。

滤膜法是目前我国大多数城市水厂采用的大肠菌群检测方法。滤膜法虽然操作简便快速,但具有滞后性,因为一旦发现水质有问题,水早已进入管网。目前,国内外正在研究和探讨更加快速的检验方法,如示踪原子法、电子显微镜直接观察法等。

总大肠菌群在测定条件下是指能在 37℃、24h 之内发酵乳糖产酸产气,好氧及兼性厌氧的革兰氏阴性无芽孢杆菌。

大肠菌群一般包括大肠埃希氏杆菌、产气杆菌、枸橼酸盐杆菌和副大肠杆菌,乳糖培养基中碳源是乳糖,检出的总大肠菌群中不包括副大肠菌群。

总大肠菌群数是指每升水样中所含的大肠菌群的数目。GB 5749—2006《生活饮用水卫生标准》规定生活饮用水国家卫生标准:100mL 水不得检出大肠菌群。

(二)滤膜法

滤膜法也称膜过滤法,即采用多孔性硝化纤维薄膜过滤低污染的水样进行检验。先将水样注入已灭菌的放有滤膜的滤器中,抽滤后细菌即被截留在膜上,然后将此滤膜贴于品红亚硫酸钠培养基上,进行培养。因大肠菌群细菌可发酵乳糖,在滤膜上出现紫红色具有金属光泽的菌落,计数并鉴定滤膜上生长的大肠菌群菌落。如水样浑浊或有沉淀均不宜用此法。滤膜法具有高度的再现性,可用于检验体积较大的水样,比多管发酵法更快地获得结果。

水样量的选择:待过滤水样量是根据所预测的细菌密度而定的。过滤的水量应按培养后滤膜上长出的大肠菌群菌落不多于 50 个的原则确定。当过滤水样体积小于 20mL 时,应在过滤之前加少量的无菌水到过滤漏斗中,以便水量的增加有助于悬浮的细菌均匀分布在整个滤膜表面。一般对于清洁的深井水或经处理过的河水,可取水样 300 ~ 500mL;对于较清洁的河水或湖泊水,可取水样 100mL;自来水水样取 100mL。

任务实施

(一)滤膜及滤器的灭菌

将滤膜放入烧杯中,加入蒸馏水,置于沸水浴中煮沸灭菌三次,每次 15min。前两次煮沸后需要换水洗涤 2 ~ 3 次,以除去残留溶剂。

滤器、接液瓶和垫圈分别用纸包好,在使用前先经 121℃ 高压蒸汽灭菌 30min。

滤器灭菌也可用点燃的酒精棉球火焰灭菌。以无菌操作把滤器安装好。

（二）过滤水样

用灼烧冷却的镊子夹取灭菌滤膜边缘部分，将粗糙面向上，贴放在已灭菌的滤床上，稳固好滤器。将1L的自来水水样注入滤器中，加盖。打开滤器阀门，开动真空泵，在负压下进行抽滤。

（三）培养

水样滤完后，再抽气约5s，关上抽气阀门。取下滤器，用灭菌镊子夹取滤膜边缘部分，移放在品红亚硫酸钠培养基上，滤膜截留细菌的面应向上。将滤膜与培养基完全贴紧，两者间不得留有气泡，盖上皿盖。将培养基倒置于37℃恒温培养箱中培养24h。培养过程中，保持相对湿度大约为90%。

（四）革兰氏染色镜检

经24h培养后，挑选具有大肠菌群特征的菌落，取1/3进行革兰氏染色、镜检。如无革兰氏染色阴性杆菌，则可认为该体积水中无大肠菌群存在。当发现有革兰氏染色阴性无芽孢杆菌时，做下一步检验。

大肠菌群特征：菌落紫红色，具有金属光泽；深红色，不带或略带金属光泽；淡红色，中心颜色较深。

（五）乳糖发酵试验

以无菌操作用接种针刮取镜检剩下的2/3菌落，穿刺接种至乳糖蛋白胨半固体培养基（接种前应将此培养基放入水浴中煮沸排气，冷凝后方能使用），经37℃培养6～8h，产气者则可判断为大肠菌群阳性。（若接种至乳糖蛋白胨培养液中，经37℃培养24h，产酸产气者，同样可判定为大肠菌群阳性）

培养基产生气体后，其内部形成龟裂状，有时会有部分培养基上浮。

（六）报告结果

如合格水样应写：经滤膜法检验××地方生活饮用水，未检出大肠菌群。按我国生活饮用水卫生标准GB 5749—2006规定，符合标准。

如不合格应写：经滤膜法检验××地方生活饮用水，检出大肠菌群数 x 个。按我国GB 5749—2006《生活饮用水卫生标准》规定，不符合标准。

最后检验人签名。

📖 **相关知识**

（一）水中的病原菌

能引起人、畜疾病的微生物，称为病原微生物，以细菌和病毒的危害性最大。水中细菌虽然很多，但大部分都不是病原菌。经水传播的疾病主要是肠道传染病，如痢疾、肠炎、伤寒、霍乱等，还有一些由病毒、支原体、衣原体、立克次氏体等引起的疾病也经水传播。另外，还有一些借水传播的寄生虫病，例如血吸虫、蛔虫病等。

1. 痢疾杆菌

痢疾杆菌没有芽孢、荚膜，一般无鞭毛，不能运动，革兰氏染色阴性。痢疾杆菌不耐热、不耐干燥，阳光直射即对其有杀灭作用，加热到60℃，10min即死亡；对1%的石炭酸，可抵抗30min；对一般消毒剂（如新洁尔灭、来苏尔、过氧乙酸等）抵抗力弱，可被迅速杀死。但耐寒能力强,在阴暗潮湿及冰冻环境下能生存数周。痢疾杆菌主要借食物、饮水、蝇类传播。

痢疾杆菌可引起细菌性痢疾。细菌性痢疾是最常见的肠道传染病,夏秋两季患者最多。传染源主要为病人和带菌者,通过食物、饮水等经口感染。细菌性痢疾分为急性和慢性两种。急性中毒性痢疾多见于小儿,发病急,常在腹痛、腹泻未出现时,即呈现严重的全身中毒症状,如抽搐、休克等。

2. 伤寒杆菌

伤寒杆菌有三种,即伤寒沙门菌、副伤寒沙门菌和乙型副伤寒沙门菌。它们均没有芽孢和荚膜,借周生鞭毛运动,革兰氏染色阴性。加热到 60℃,30min 即死亡;对 5% 的石炭酸,可抵抗 5min。

伤寒是由伤寒杆菌引起的急性传染病。伤寒的症状包括高热、皮疹、寒战和出汗。典型的临床表现包括持续高热,可达 39℃ 至 40℃,腹痛、腹泻、脾脏肿大,部分病人皮肤有玫瑰色斑疹。肠道出血或穿孔是其最严重的并发症。其传染源为被感染者或带菌者的尿液和粪便污染的物品、食物和水。一般与病人直接接触或与其污染物接触就会被传染,传染力很高。

3. 霍乱弧菌

霍乱弧菌呈微弯曲的杆状,具有一根较粗的鞭毛,能运动,革兰氏染色阴性。霍乱弧菌加热到 60℃ 能耐 10min,对 1% 的石炭酸可抵抗 5min。耐碱性强,对酸敏感,在正常胃酸中仅能存活 4min。霍乱弧菌对热、干燥、日光及一般消毒剂均很敏感。

霍乱弧菌所引起的霍乱为烈性肠道传染病,曾在世界上发生过几次大流行。霍乱弧菌可借食物、水传播,与病人或带菌者接触也可传播,还可由蝇类传播。霍乱病人的典型症状是腹泻、呕吐、米汤样大便,伴有腹痛和昏迷。此病发病急,严重者常常在出现病症后 12h 内死亡。

(二)大肠菌群作为指标的意义

水中病原微生物,如沙门氏菌、霍乱弧菌、结核杆菌、脊髓灰质炎病毒、肝炎病毒、痢疾阿米巴等都来自人和温血动物的粪便。但水中病原微生物的分析难度大,且对人有危险,故常用人粪便中含量很大的易于分析的大肠菌群代替病原微生物分析,指示水体粪便污染情况。

正常肠道细菌有三类,即大肠菌群、肠球菌群和荚膜杆菌群。粪便中大肠菌群数量最多,其次是肠球菌群,荚膜杆菌群最少。三类菌都容易生长在普通培养基上,易于检出。但经水体中存活时间测定,只有大肠菌群在水体中存活时间和对氯的抵抗力与肠道致病菌基本相同,而且在粪便中数量最多,检出技术也比较方便,最适合作水体污染的卫生指标。

大肠菌群若在肠道以外(水中或食品中)的环境中发现,就可以认为这是由于人或动物的粪便污染造成的。当然,有粪便污染,不一定就有肠道病原菌存在,但即使无病原菌,只要被粪便污染的水或食品,也是不卫生的。健康成人粪便中的大肠菌群的含量为 5 千万个/g 以上。

(三)大肠菌群的生化特性

大肠菌群系指一群能发酵乳糖,产酸产气,好氧及兼性厌氧的革兰氏阴性无芽孢杆菌。人粪便中的大肠菌群包括四种,即大肠埃希氏杆菌、产气肠杆菌、枸橼酸盐杆菌和副大肠杆菌。

大肠埃希杆菌也称为普通大肠杆菌或大肠杆菌,是人和温血动物肠道中正常的寄生细菌,一般不会使人致病,但个别情况可引起毒血病、腹膜炎和尿道感染。大肠埃希杆菌好氧或兼性厌氧,革兰氏阴性,生长温度 10~45℃,最适温度 37℃,生长 pH 值范围 4.5~9.0,适宜 pH 值为中性。能分解乳糖产酸产气。

大肠菌群的各类细菌的生理习性都相似,但副大肠杆菌分解乳糖缓慢,甚至不分解乳糖。

大肠菌群在品红亚硫酸钠固体培养基(远藤氏培养基)上所形成的菌落不同:大肠埃希杆菌菌落呈紫红色,带有金属光泽,直径约 2 ~ 3mm;产气肠杆菌菌落呈淡红色,中心颜色较深,直径约 4 ~ 6mm;枸橼酸盐杆菌菌落呈紫红或深红色;副大肠杆菌菌落则无色透明。

我国《生活饮用水标准检验法》采用含乳糖的培养基,也就是检出的大肠菌群中不包括副大肠杆菌。

(四)生活饮用水细菌标准

水中微生物的数量是衡量水质和污染程度的重要指标。而且,水生细菌的数量和大肠菌群数是判断水源是否符合饮用水标准的一项重要指标。

实践证明,只要 100mL 水中未检出大肠菌群,细菌总数(腐生细菌总数)1mL 水不超过 100 个,饮水者感染肠道传染病的可能性就极小。我国 GB 5749—2006《生活饮用水卫生标准》中关于生活饮用水国家卫生标准规定:细菌总数 1mL 水不超过 100 个;100mL 水不得检出大肠菌群。

(五)多管发酵法测定水中总大肠菌群

多管发酵法是以最可能数(most probable number,简称 MPN)来表示检验结果。它是根据统计学原理,估计水体中的大肠菌群数量和卫生质量的一种方法。需要的培养基有三倍浓缩乳糖蛋白胨培养液、乳糖蛋白胨培养液、品红亚硫酸钠培养基、伊红美蓝培养基。

此法适用于生活饮用水、水源水、地表水和废水中大肠菌群的检验。生活饮用水中大肠菌群的检验步骤如下。

1. 初发酵试验

将水样置于乳糖蛋白胨培养液中,一定温度下培养后,观察有无产酸、产气,初步确定有无大肠菌群存在。由于水中除大肠菌群外,还可能存在其他能发酵乳糖的细菌,故不能肯定水中一定含有大肠菌群,需进一步检验。

操作步骤:在两个装有已灭菌的 50mL 三倍浓缩乳糖蛋白胨培养液的大试管中(内有倒管),以无菌操作各加入已充分混匀的水样 100mL;在 10 支装有已灭菌的 5mL 三倍浓缩乳糖蛋白胨培养液的大试管中(内有倒管),以无菌操作各加入已充分混匀的水样 10mL,混匀后置于 37℃ 恒温培养箱中 24h。

2. 平板划线分离

大肠菌群可在品红亚硫酸钠固体培养基上生长,其他细菌受培养基成分的抑制而不生长。培养后若出现典型大肠菌群菌落,经革兰氏染色镜检,由于芽孢杆菌一般革兰氏染色阳性,可将大肠菌群与好氧芽孢杆菌区别开来。如发现有革兰氏染色阴性无芽孢杆菌,需进一步检验。

操作步骤:经初发酵试验培养 24h 后,发酵试管颜色变黄为产酸,小玻璃倒管内有气泡为产气。将产酸产气及只产酸发酵管内菌液,分别用接种环划线接种于品红亚硫酸钠培养基或伊红美蓝培养基上,置于 37℃ 恒温培养箱中 18 ~ 24h。培养后挑选具有下列特征的菌落,进行涂片、革兰氏染色、镜检。

(1)品红亚硫酸钠培养基上的菌落:紫红色,具有金属光泽;深红色,不带或略带金属光泽;淡红色,中心颜色较深。

(2)伊红美蓝培养基上的菌落:深紫黑色,具有金属光泽;紫黑色,不带或略带金属光泽;淡紫红色,中心颜色较深。

3. 复发酵试验

将具有大肠菌群特征的菌落再接种于乳糖培养基中,观察其是否产酸产气,最后确定有无大肠菌群存在。

操作步骤:上述染色镜检的菌落如为革兰氏阴性无芽孢的杆菌,则挑选该菌落的另一部分接种于普通浓度乳糖蛋白胨培养液中(内有倒管),每管可接种分离自同一初发酵管的最典型菌落 1~3 个,置于 37℃恒温培养箱中 24h。有产酸产气者,即确定有大肠菌群菌的存在。

4. 大肠菌群计数

根据确定有大肠菌群存在的阳性管的数目(查表 5-2),得出每升水样中的大肠菌群数。报告结果。

表 5-2　大肠菌群检数表(接种水样 100mL2 份,10mL10 份,总量 300mL)

10mL 水量的阳性管数	100mL 水量的阳性管数		
	0	1	2
	1L 水样中大肠菌群数		
0	<3	4	11
1	3	8	18
2	7	13	27
3	11	18	38
4	14	24	52
5	18	30	70
6	22	36	92
7	27	43	120
8	31	51	161
9	36	60	230
10	40	69	>230

📖 **自我检测**

1. 请简述如何进行生活饮用水细菌总数的测定操作,并回答以下问题:

(1)细菌总数是指_____,测定方法是_____,每个皿中注入的水样量是_____ mL。

(2)测得的细菌数是水中所有细菌数吗? 为什么?

(3)菌落总数怎样计算?

(4)菌落计数结果的报告原则?

(5)为什么所有取样器皿要灭菌?

(6)当自来水有余氯时,取样是否要处理? 为什么? 如何处理?

(7)饮用水中细菌总数测定有何意义?

2. 请简述如何进行生活饮用水总大肠菌群数的测定操作,并回答有关滤膜法的以下问题:

(1)总大肠菌群数是指_____,过滤水样量为_____ mL。

(2)所用器皿是否要灭菌? 水样有余氯,是否要处理?

(3)过滤水样、培养、革兰氏染色、乳糖发酵各步操作有何作用?

(4)乳糖发酵中,如没有乳糖蛋白胨半固体培养基,是否可用其他培养基代替?

(5)饮用水中总大肠菌群数测定有何意义?

(6)为什么用大肠菌群作为水体粪便污染的指标?

3. GB 5749—2006《生活饮用水卫生标准》中规定:细菌总数_____;大肠菌群_____。

4. 请设计自来水公司取水样测定细菌总数的操作步骤,并回答应做哪些准备工作。

5. (1)自然界中,最适宜微生物生长的环境是_____,其中种类最多的是_____,其次是_____。

(2)在空气中,能存活较长时间的微生物是( )。

A. 芽孢杆菌、霉菌、酵母菌、小球菌

B. 芽孢杆菌、霉菌的孢子、原生动物的胞囊

C. 细菌、放线菌、真菌、病毒

D. 白色葡萄球菌、肺炎球菌、感冒病毒、衣原体

6. (1)在自然界物质循环中,能将氨态氮和亚硝酸盐氧化为硝酸盐的细菌是_____,其属于( )营养类型。

A. 光能自养　　B. 光能异养　　C. 化能自养　　D. 化能异养

(2)在自然界物质循环中,一些光合细菌能利用 H_2S 代替水进行光合作用,产生_____,其属于_____营养类型。

A. O_2　　　　B. N_2　　　　C. NH_3　　　　D. 硫的氧化物

(3)在自然界物质循环中,凡能把还原态的硫(如 S、H_2S)变成硫或硫酸盐的细菌,称为( )。

A. 反硝化细菌　　B. 硝化细菌　　C. 铁细菌　　D. 硫细菌

(4)将硝酸根还原为氮气的过程,称为_____作用。

(5)固氮效率最高的是_____固氮方式。

7. 设计水源水中总大肠菌群的检测过程,并说明应准备哪些仪器和材料。

学习情境六　固体废物的高温堆肥

情境简介

好氧高温堆肥是有机固体废弃物资源化处理利用的有效途径之一,高温堆肥可杀灭堆料中的病原菌和虫卵,堆肥产品可作为土壤改良剂和植物营养源,此法应用于城市污泥、城市垃圾及家禽粪便堆肥化处理。通过本情境的学习,使学生掌握固体废物的生物处理方法和好氧堆肥过程。

学习目标

(1)能进行固体废物的预处理和堆制操作,掌握固体废物生物处理的方法;
(2)能初步判断好氧堆肥发酵阶段和腐熟度;
(3)掌握高温堆肥发酵过程;
(4)掌握堆肥过程的影响因素。

工作内容

固体废物预处理和堆制。

工作准备

(1)一个宽 10 ~ 15cm,深 15 ~ 20cm 的沟;
(2)含有金属、玻璃、塑料、瓦片、废弃食物、布块、植物秸秆等不同成分的固体废弃物;
(3)格栅、竹竿或木桩、泥土。

任务实施

(一)固体废物预处理

在固体废物堆制之前,首先要进行预处理。

1. 分捡

分捡即在堆肥处理前将固体废物中金属、玻璃、塑料、瓦片等非生物降解性杂质的较大颗粒物去除。

2. 粉碎

粉碎即将大块有机物如布块、植物秸秆等粉碎成易均匀混合的小颗粒状,破碎到40mm 左右的粒度。

3. 调配

调配即使固体废弃物有一定的 C:N 比值,一般为(25 ~ 35):1,最适为30:1;含水率一般为50% ~ 60%;具有一定酸碱度,一般 pH 值为 7 左右;为微生物提供一个适宜生长的环境。

（二）堆制

首先，挖一个宽 10cm ~ 15cm，深 15 ~ 20cm 的小沟，也可由水泥混凝土制成。

然后，沟上放置格栅，将调配好的固体废物按一定形状（常为梯形）堆积到一定高度，并插入一些竹竿或木桩。

堆好后用泥封闭，其作用是保温。

第二天，将竹竿或木桩拔出，即为通风孔道。

 相关知识

（一）固体废物生物处理的方法

固体废弃物都含有大量的有机物，如城市生活垃圾、污水处理厂污泥、农业废物等。近年来，城市垃圾数量猛增，但有近90%的垃圾未经处理，堆积于城郊或倒入水域。我国城市污水处理厂每年产生约 $20 \times 10^4 t$ 干污泥，污泥中含有丰富的氮、磷、钾等营养物质。农业废物主要有作物秸秆、树木茎叶、禽畜粪便等。

通过微生物的活动使含有大量有机物的固体废物稳定化、无害化、减量化和资源化的过程，即为固体废物生物处理。其主要处理方法有堆肥法、卫生填埋、厌氧沼气发酵，还有纤维素废物的糖化、纤维素废物的蛋白质化、纤维素废物的产乙醇等。

1. 堆肥法

堆肥法就是利用自然界广泛分布的微生物，有控制地促进有机物向稳定的腐殖质转化的生物化学过程。根据堆肥过程中起作用的微生物对分子氧的需求不同，堆肥可分为好氧堆肥法（高温堆肥）和厌氧堆肥法两种。

1）好氧堆肥法（高温堆肥）

好氧堆肥法是在有氧条件下通过好氧微生物（主要是好氧菌）的作用，使有机废物转化为有利于植物吸收利用的有机物的方法。

微生物通过自身的生命活动，把有机废物中可溶性有机物吸收，不溶的有机物被微生物分泌的胞外酶分解为可溶性物质，再被吸收进细胞。吸收的一部分有机物氧化成简单的无机物，同时释放出可供微生物生长活动所需的能量，而另一部分有机物则被合成新的细胞质，如图 6-1。在有机物生化降解的同时，伴有热量产生，因堆肥工艺中热量不会全部散发到环境中，就必然造成堆肥物料的温度升高，这样就会使一些不耐高温的微生物死亡，而耐高温的细菌则会快速繁殖。

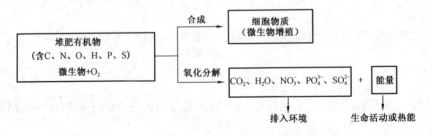

图 6-1 有机堆肥好氧分解过程

2）厌氧堆肥法

厌氧堆肥法也称为厌氧发酵，是指有机废物在厌氧条件下通过微生物的代谢活动而被稳定化,同时释放甲烷和二氧化碳的过程。在不通气的条件下,将有机废弃物进行厌氧发酵,制成有机肥料,使固体废弃物无害化。不管是农作物秸秆、树干茎叶、人畜粪便、城市垃圾,还是污水处理厂的污泥,都是厌氧发酵的原料。

厌氧堆肥法堆制方式与好氧堆肥法相同,但堆内不设通气系统,堆温低,腐熟及无害化所需时间较长。厌氧堆肥法简便易行。一般厌氧堆肥要求封堆后一个月左右翻堆一次,以利于微生物活动使堆料腐熟。

2. 卫生填埋法

卫生填埋法优点是投资少,容量大,见效快,因此广为各国采用。

1)卫生填埋种类

卫生填埋主要有厌氧填埋、好氧填埋和半好氧填埋三种。目前厌氧填埋因操作简单、施工费用低,还可同时回收甲烷气体,而被广泛采用。好氧填埋和半好氧填埋分解速度快,垃圾稳定化时间短,但由于其工艺要求较复杂,费用较高,故尚处于研究阶段。

2)卫生填埋场结构

卫生填埋是将垃圾在填埋场内分区分层进行填埋。运到填埋场的垃圾,在填埋场限定的范围内铺散为40~80cm的薄层,然后压实,一般垃圾层厚度应为2.5~3m,每层垃圾压实后必须覆盖20~30cm的土层。废物层和土壤覆盖层共同构成一个单元,即填埋单元。一般而言,每天的垃圾在当天压实复土,成为一个填埋单元。具有同样高度的一系列相互衔接的填埋单元构成一个填埋层。一个填埋完的卫生填埋场由一个或几个填埋层组成。当填埋到最终的设计高度以后,在该填埋层上覆盖一层厚90~120cm的土壤,压实后就得到一个完整的卫生填埋场。

3)填埋坑中微生物的活动过程

(1)好氧分解阶段。垃圾填埋过程中,垃圾孔隙中存在着大量空气,因此开始阶段垃圾好氧分解。此阶段时间的长短取决于分解速度,可以由几天到几个月。好氧分解将填埋层中氧耗尽以后进入第二阶段。

(2)厌氧分解不产甲烷阶段。在此阶段,硫酸盐还原菌和反硝化细菌利用硫酸根和硝酸根进行无氧呼吸,产生硫化物、氮气和二氧化碳,其繁殖速度大于产甲烷细菌。此阶段时间的长短与环境因素有关,潮湿而温暖的填埋坑能迅速完成这一阶段而进入下一阶段。

(3)厌氧分解产甲烷阶段。此阶段产甲烷菌大量繁殖,甲烷气的产量逐渐增加,当填埋坑内温度达到55℃左右时,便进入稳定产气阶段。

(4)稳定产气阶段。此阶段稳定地产生二氧化碳和甲烷。

4)填埋场渗沥水

垃圾分解过程中产生的液体以及渗出的地下水、渗入的地表水,统称为填埋场渗沥水。

为了防止渗沥水对地下水的污染,需要在填埋场底部设置不透水的防水层、集水管、集水井等设施,将渗沥水不断收集排出。对新产生的渗沥水,最好的处理方法为厌氧生物处理、好氧生物处理;对已稳定的填埋场渗沥水,由于经过了厌氧发酵,其可生化的有机物的含量减少到最低点,再用生物处理效果不明显,最好采用物理化学处理方法。

5)填埋场气体收集

垃圾填埋以后,由于微生物的厌氧发酵,产生 CH_4、CO_2、NH_3、CO、H_2、H_2S、N_2 等气体。填埋场气体一般含有40%~50%的 CO_2 和30%~40%的 CH_4,还含有其他各种气体。因此,填埋场的气体经过处理以后可以作为能源加于利用。填埋场的产气量和成分与被分解的固体废物的种类有关,并随填埋年限而变化。CH₄发酵最旺盛期间通常在填埋后的5年内。

3. 厌氧沼气发酵

有机厌氧沼气发酵可以在专门的发酵罐中进行,也可在填埋坑(场)进行,其原理相同。厌氧沼气发酵过程同废水沼气发酵过程,分为液化、产酸、产甲烷三个阶段。

高温厌氧沼气发酵工艺的最佳温度为47~55℃,此时有机物发酵快;在发酵池内安装盘管,通入蒸汽加热;搅拌物料,以快速消除温度不均的状态,保持温度均匀。

在发酵过程中,废物得到处理,同时获得能源。在我国农村,沼气发酵不仅作为农业生态系统中的一个重要环节,处理各类废弃物来制成农家肥,而且获得生物质能,用来照明或作为燃料。城市污水处理厂的污泥厌氧消化使污泥体积减小,产生的甲烷用来发电,降低处理厂的运行费用。

(二)好氧堆肥发酵

1. 好氧堆肥发酵过程

堆制完成后,用鼓风机向小沟中通风供氧,促进好氧微生物生长繁殖。好氧堆肥发酵过程按温度变化可分为以下三个阶段。

1)发热阶段

发热阶段也叫升温阶段。堆肥堆制初期营养充足、环境条件适宜、微生物代谢旺盛,主要是中温好氧的细菌和真菌降解堆肥中容易分解的有机物(如淀粉、糖类等),释放出热量,使堆肥温度不断升高。

2)高温阶段

堆肥温度升到50℃以上,进入高温阶段。由于温度升高和易分解的物质的减少,中温微生物逐渐减少,好热性的纤维素分解菌逐渐取代中温微生物,这时堆肥中除残留的或新形成的可溶性有机物继续被分解转化外,一些复杂的有机物(如纤维素、半纤维素等)也开始分解。

由于各种好热性微生物的最适温度互不相同,随着堆温的变化,好热性微生物的种类、数量也逐渐发生着变化:在50℃左右主要是嗜热性真菌和放线菌;温度升至60℃时真菌几乎完全停止活动,仅有嗜热性放线菌与细菌在继续活动;温度升至70℃时大多数嗜热性微生物代谢受到抑制,相继死亡或进入休眠状态。

高温对于堆肥的快速腐熟起到关键作用,此阶段堆肥内开始形成腐殖质,并开始出现能溶解于弱碱的黑色物质。同时,高温能杀死病原菌,一般堆温在50~60℃,持续6~7天,即可杀死大部分虫卵和病原菌。

3)降温和腐熟保肥阶段

高温持续一段时间后,易于或较易分解的有机物(包括纤维素等)已大部分分解,剩下的是木质素等较难分解的有机物以及新形成的腐殖质。这时,好热性微生物活动减弱,产热量减少,温度逐渐下降,中温性微生物又逐渐占优势。残余有机物进一步降解,继续积累腐殖质,堆肥进入了腐熟阶段。

为了保存腐殖质和氮素等植物养料,需采取压实的措施,形成厌氧状态,使有机质矿化作用减弱,避免肥效损失。

2. 堆肥的腐熟度

固体废物经堆肥发酵处理后,易生物降解的有机物被微生物氧化分解,但堆肥中有机物不可能完全分解,故在肥堆保存过程中分解还会继续。因此,需要确定堆肥应达到的稳定化程度,即堆肥的腐熟度。实际操作中常依据以下指标确定堆肥腐熟度。

(1)堆肥外观应呈褐色或黑色,质地松软,无臭味。

(2)温度与环境温度趋于一致,不再有明显变化。

(3)不含有动植物的致病微生物、虫卵和可萌发的杂草种子。

(4)易分解有机物含量很低,没有淀粉。

(5)含氮化合物以 NO_3^- 为主。

3. 堆肥过程的影响因素

1)温度

温度条件主要指堆肥物料的初始温度,影响发热进程。在低温条件下,微生物代谢缓慢,发热阶段所需时间延长。露天堆肥温度还受环境气温的影响。

2)通风强度

通风量小,供氧不足引起局部缺氧而发生厌氧作用,延长堆肥时间;通风量过大,会带走大量热量而影响升温。

3)固体颗粒的大小

固体颗粒的大小主要影响堆肥过程的供氧作用。颗粒过小,空气流动受阻,供氧不好,会引起局部缺氧;颗粒过大,固体颗粒内部易缺氧,会形成厌氧状态的核。颗粒过小或过大都会减慢堆肥速度,严重时会有异味。

4)物料含水量

物料含水量过高,影响通风供氧;过低,微生物干燥,影响微生物对营养物质的吸收利用。含水量在50% ~60% 为宜,此时微生物分解速度最快。

水的作用一是溶解有机物,并参与微生物的新陈代谢;二是调节堆肥温度,温度过高时通过水分的蒸发耗散一部分热量。

5)物料酸碱度

pH 值过高、过低都会限制微生物活动。堆肥过程中适宜 pH 值为6 ~8,可通过在物料中加入石灰或草木灰做缓冲剂调节。

6)物料的营养配比

营养配比主要指物料中碳、氮、磷元素比,一般碳氮比应为(25 ~35)∶1,碳磷比为(75 ~150)∶1。缺少氮磷的物料,可用农作物秸秆或粪便或污水处理厂的污泥调节。

好氧堆肥工艺主要包括堆肥预处理、一次发酵、二次发酵和后处理四个阶段。堆肥工艺中一次发酵,周期3 ~10 天;二次发酵其含水率小于40% ,温度低于40℃,周期30 ~40 天。

📖 **自我检测**

1. 固体废物生物处理的基本方法有_____、_____、_____。

2. 卫生填埋主要有_____、_____和_____三种。目前被广泛采用的是_____,其操作_____,施工费用_____,同时还可回收_____。

3. 有关固体废物高温堆肥,请回答以下问题:

(1)固体废物预处理包括_____、_____、_____等过程。

(2)好氧堆肥法的降解过程与污水生物处理相似,但堆肥处理只进行到_____阶段,并不需有机物的_____,这一点与污水处理是不同的。

（3）好氧堆肥发酵过程分为_____阶段、_____阶段和_____阶段。

（4）好氧堆肥发酵高温阶段，温度在_____℃范围。

（5）好氧堆肥进入腐熟阶段后，为了保存腐殖质和氮素等植物养料，可采取_____措施，造成_____状态，以免损失肥效。

（6）参与好氧堆肥发酵的微生物有（　　）。

A. 好氧好热的细菌、放线菌、真菌

B. 好氧好热的病毒、细菌、原生动物

C. 嗜酸嗜碱的细菌、放线菌、霉菌

D. 厌氧、兼性厌氧的细菌、放线菌、真菌

（7）如何进行固体废物预处理操作？怎样堆制？

（8）影响堆肥过程的因素主要有那些？

（9）如何判断好氧堆肥腐熟度？

（10）简述好氧堆肥发酵过程的三个阶段。

学习情境七　无组织废气的生物处理

情境简介

炼油污水处理过程中,各处理单元中挥发出多种污染物,主要有恶臭的 H_2S、NH_3、非甲烷总烃有机污染物,在气象条件不利的情况下会出现异味,尤其在装置检维修期间。对污水处理场无组织废气,必须经处理后排放,目前普遍采用生物氧化装置处理这部分废气。通过本情境的学习,使学生了解目前生物氧化处理无组织废气的原理。

学习目标

通过炼油污水处理中产生的无组织废气生物处理实例的学习,掌握废气生物处理的原理,了解无组织废气生物处理单元工艺流程,了解微生物净化废气的方法。

现场案例

下面以大庆某含污水处理无组织废气生物处理为例,进行说明。

含油污水处理过程中,各处理单元中挥发出多种污染物,主要有恶臭的 H_2S、NH_3、非甲烷烃有机污染物,虽然厂界满足标准要求,但由于恶臭污染物嗅阈值较低,在气象条件不利的情况下会出现异味,尤其在装置检维修期间更易产生异味。对污水处理场无组织废气进行治理是彻底解决异味问题的途径。

大庆某化工厂对含油污水处理场的好氧池、厌氧池、隔油池、气浮池所产生的无组织废气进行封闭收集,经管道输送到生物氧化处理设施净化后,进行高架排放。

（一）工艺流程

经密闭收集的废气直接进入到系统的生物滴滤装置底部。在生物滴滤装置内,气流被抽送通过喷淋系统,借助于水喷淋可以捕获颗粒物和水溶性化学物质。这些化学物质滴入到滤液槽中,被滤液槽中的生物降解。一部分滤液则通过管线进入公司的污水处理系统。而通过向滤液槽中加入新鲜水,以保持适当的水位、pH 值和电导率。在此之后,气流从生物滴滤装置顶部通过除雾器,除去水滴后进入生物氧化除臭装置顶部,再向下经过滤床上含有微生物的滤球以捕获并消耗大多数残留的有毒有害气体。处理后的气体从生物除臭装置底部排出,经60m 高架源排放。

（二）工艺原理

生物除臭系统采用自然生成的微生物和菌类,将易溶于水的有毒有害气体以及难溶于水的挥发性有机化合物（VOCs）转换成二氧化碳和水,以降低来自于生产操作中产生的空气污染。该系统由二阶段处理工艺构成。经收集和传输的污染气体首先进入系统的生物滴滤装置（由装置下部进入）,与经过循环喷淋的生物滴滤介质进行充分的接触,废气中的部分成分,被附着在滴滤介质上的特定微生物群所捕获、消化,这一过程可以对其中较少部分的污染物质进行降解。剩余的大部分污染物质则随着滴滤液沉降到滤液池中,滤液池中含有的大量微生物将对捕捉到的污染物质进行彻底的降解,处理后的气体高架排放。

（三）运行情况

检测结果表明,生物除臭系统污染物去除率分别为:氨氮99%、硫化氢95%、非甲烷总烃84%,具有长期稳定的去除效果,现场基本没有异味,区域环境明显改善。排放气体浓度远小于国家标准要求,排放速率远小于 GB 14554—1993《恶臭污染物排放标准》的排放标准要求,具体见表7-1。

表7-1　2009年9月29日监测无组织废气生物处理结果

监测点位	监测时间	氨,mg/m^3	硫化氢,mg/m^3	非甲烷总烃,mg/m^3
净化前	2009年9月29日	1.89~2.43	0.78~0.87	7.6~8.2
净化后	2009年9月29日	0.015~0.022	0.036~0.048	1.1~1.4
排放速率,kg/h		0.000925	0.0021	0.0625
标准	排放浓度	—	—	120
	排放速率	5.2	75	225

相关知识

（一）废气处理方法

废气处理指的是针对工业场所、工厂车间产生的废气在对外排放前进行的处理,以达到废气排放标准。废气处理的方法有生物处理法、活性炭吸附法、吸收法、催化燃烧法、催化氧化法、酸碱中和法、等离子体法等多种。

废气生物处理法广泛应用于有机物废气处理中,与常规处理法相比,具有设备简单、运行费用较低、二次污染较少的优点,而且其有机物去除率在90%以上。生物氧化处理的气体具有多样化,如烷烃类、醛类、醇类、酮类、羧酸类、酯类、醚类、烯烃类、多环芳香烃类及卤素化合物。

（二）废气生物处理原理

在适宜的环境条件下,附着在滤料介质上的微生物利用废气中的有机成分作为碳源和能源,维持生命活动,一部分转化为细胞物质,一部分降解为无机的 CO_2、H_2O、氨、硝酸盐、硫酸盐和有机酸、醇、胺等,见图7-1。除含氯较多的有机物分子难以降解外,一般的气态污染物在生物过滤器中的降解速度为 $10\sim100 g/(m^3 \cdot h)$,生物过滤器对挥发性有机物的去除率可达95%,对恶臭物质达99%。

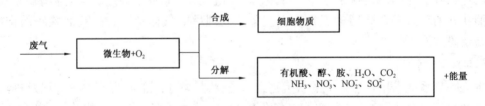

图7-1　废气生物氧化过程

（三）微生物净化废气的方法

微生物氧化废气中有机污染物的过程难在气相中进行。因此在净化过程中,首先要将气体污染物由气相转移到液相或固相表面,然后再由微生物吸附分解。微生物净化废气的方法有生物吸收法和生物过滤法两种。

1. 生物吸收法

生物吸收法是利用微生物、营养物和水组成的微生物吸收液处理废气。生物吸收装置主要由吸收器和生物反应器两部分组成。待处理的废气从吸收器底部进入,与水逆流接触,加快吸收过程。污染物被吸收液吸收以后,净化后的气体从吸收器顶部排出,含有污染有机物的水从吸收器底部流出,进入生物反应器,经微生物处理再生后再循环使用。

2. 生物过滤法

生物过滤法是由附着在固体介质上的微生物吸收废气中的污染物,然后由微生物将污染物转化为无害物质。常用的固体介质有土壤或专门设计的生物过滤装置。生物过滤装置常有堆肥滤池和微生物过滤箱等形式。微生物过滤箱为封闭式装置,由箱体、生物活性床层、喷水器组成。床层由颗粒状载体构成。一部分微生物附着在载体表面,一部分悬浮于床层水体中。废气从过滤装置下部进入,通过附着在固体颗粒表面的微生物,废气中的有机污染物被分解成 CO_2 和 H_2O 等,从而达到净化的目的。

自我检测

1. 以下是废气处理方法,其中属于生物处理方法的是(   )。

(1)催化氧化法;(2)活性炭吸附法;(3)生物滴滤池式;(4)催化燃烧法;(5)洗涤式活性污泥法;(6)酸碱中和法;(7)曝气式活性污泥法;(8)生物滤池式脱臭法;(9)等离子体法。

A. (1)(2)(3)(8)　　　　　　　　B. (3)(5)(7)(8)

C. (3)(7)(8)　　　　　　　　　　D. (2)(3)(4)(6)

2. 废气生物处理有何特点？请简述废气生物处理原理。

附　录

附录 I　培养基的配制

一、牛肉膏蛋白胨培养基

牛肉膏	3g	蛋白胨	10g
NaCl	5g	琼脂	15~20g
水	1000mL	pH	7.0~7.2

灭菌:121℃(0.1MPa),20min。

二、查氏培养基

$NaNO_3$	2g	$MgSO_4$	0.5g
K_2HPO_4	1g	$FeSO_4$	0.01g
KCl	0.5g	蔗糖	30g
琼脂	15~20g	水	1000mL
pH 值	自然		

灭菌:121℃,20min。

三、淀粉琼脂培养基(高氏 1 号培养基)

KNO_3	1g	NaCl	0.5g
K_2HPO_4	0.5g	$MgSO_4$	0.5g
$FeSO_4$	0.01g	琼脂	20g
可溶性淀粉	20g	水	1000mL
pH 值	7.2~7.4		

方法:配制时,先用少量水将淀粉调成糊状,在火上加热,边搅拌边加水和其他成分,溶解后补足水分至 1000mL。

灭菌:121℃,20min。

四、马丁氏琼脂培养基

KH_2PO_4	1g	$MgSO_4 \cdot 7H_2O$	0.5g
葡萄糖	10g	蛋白胨	5g
琼脂	15~20g	1/3000 孟加拉红(玫瑰红水溶液)	100mL
蒸馏水	800mL	pH 值	自然

方法:临用前加入 0.03% 链霉素稀释液 100mL,使每毫升培养基中含链霉素 30μg。

灭菌:112℃,30min。

五、马铃薯培养基

马铃薯	200g	蔗糖(或葡萄糖)	20g
琼脂	15~20g	水	1000mL

pH 值	自然

方法:马铃薯去皮,切成小块煮沸 30min,然后用纱布过滤,再加糖及琼脂,溶化后补足水至 1000mL。

灭菌:121℃,20min。

六、麦芽汁琼脂培养基

(1)取大麦或小麦若干,用水洗净,浸水 6~12h。置 15℃阴暗处发芽,上盖一块纱布,每日早、中、晚各淋水一次。麦根伸长至麦粒的两倍时,停止发芽,摊开晒干或烘干,贮存备用。

(2)将干麦芽磨碎,1 份麦芽加 4 份水,在 65℃水浴锅中糖化 3~4h,糖化程度用碘液滴定。

(3)将糖化液用 4~8 层纱布过滤,滤液如浑浊不清,可用鸡蛋白澄清。方法是将一个鸡蛋清加水约 20mL,调匀至生出泡沫为止,然后倒入糖化液中搅拌煮沸后再过滤。

(4)将滤液稀释至 5~6°Bé,pH 值约为 6.4,加入 2%琼脂即成。

灭菌:121℃,20min。

七、乳糖蛋白胨培养液

牛肉膏	3g	蛋白胨	10g
乳糖	5g	NaCl	5g
蒸馏水	1000mL	1.6%溴甲酚紫乙醇溶液	1mL
pH 值	7.2~7.4		

方法:将牛肉膏、蛋白胨、乳糖及 NaCl 加热溶解至 1000mL 蒸馏水中,调节 pH 值至 7.2~7.4。加入 1.6%溴甲酚紫乙醇溶液 1mL,充分混匀,分装于有小倒管的试管中,灭菌。

灭菌:115℃,20min。

八、乳糖蛋白胨半固体培养基

在"乳糖蛋白胨培养液"成分中加 5~8g 琼脂即可。

九、三倍浓缩乳糖蛋白胨培养液(供"水的细菌学检验"用)

按"乳糖蛋白胨培养液"中各成分的三倍量配制,但蒸馏水仍为 1000mL。

十、伊红美蓝培养基(EMB 培养基)

20%乳糖溶液	2mL	蛋白胨琼脂培养基(pH = 7.6)	100mL
2%伊红水溶液	2mL	0.5%美蓝水溶液	1mL

方法:将已灭菌的蛋白胨水琼脂培养基加热溶化,冷却至 60℃左右时,再把已灭菌的乳糖溶液、伊红水溶液及美蓝水溶液按上述量以无菌操作加入。摇匀后,立即倒平板。

灭菌:115℃,20min。

十一、蛋白胨培养液

蛋白胨	10g	NaCl	5g
水	1000mL	pH 值	7.6

灭菌:121℃,20min。

十二、葡萄糖蛋白胨水培养基

K₂HPO₄	2g	葡萄糖	5g
蛋白胨	10g	蒸馏水	1000mL
pH 值	7.0~7.2		

方法:将以上各成分溶于 1000mL 蒸馏水中,调 pH 值为 7.0 ~ 7.2,过滤,分装于试管中,每管 10mL。

灭菌:112℃,30min。

十三、糖发酵培养基

酸性复红水溶液(0.5% 酸性复红水溶液 100mL + 1mol/LNaOH 16mL)2 ~ 5mL

20% 葡萄糖溶液	10mL	20% 乳糖溶液	10mL
20% 蔗糖溶液	10mL	蛋白胨水培养基	1000mL
pH 值	7.6		

方法:将上述含指示剂的蛋白胨水培养基(pH 为 7.6)分装于清洁试管中,在每管内放一倒置的小玻璃管,使充满培养液。将已分装好的蛋白胨水培养基和 20% 的各种糖溶液分别灭菌。蛋白胨水培养基:121℃,20min;糖溶液:112℃,30min。灭菌后,每管每 10mL 以无菌操作分别加入 20% 的无菌糖溶液 0.5mL(配制用的试管必须洗干净,避免结果混乱)。

十四、淀粉培养基(淀粉水解实验用)

蛋白胨	10g	可溶性淀粉	2g
NaCl	5g	牛肉膏	5g
蒸馏水	1000mL	琼脂	15 ~ 20g

灭菌:121℃,20min。

十五、油脂培养基

蛋白胨	10g	牛肉膏	5g
NaCl	5g	香油或花生油	10g
琼脂	15 ~ 20g	中性红(1.6% 水溶液)	0.1mL
蒸馏水	1000mL	pH 值	7.2

灭菌:121℃,20min。

十六、明胶培养基

牛肉膏	0.5g	蛋白胨	10g
NaCl	0.5g	明胶	12 ~ 18g
蒸馏水	100mL	pH 值	7.2 ~ 7.4

灭菌:121℃,20min。

十七、柠檬酸铁铵半固体培养基

蛋白胨	20g	柠檬酸铁铵	0.5g
NaCl	5g	$Na_2S_2O_3 \cdot 5H_2O$	0.5g
琼脂	5 ~ 8g	蒸馏水	1000mL
pH 值	7.2 ~ 7.4		

灭菌:121℃,20min。

十八、品红亚硫酸钠培养基(滤膜法用)

蛋白胨	10g	牛肉膏	5g
酵母浸膏	5g	乳糖	10g
K_2HPO_4	3.5g	5% 碱性品红乙醇溶液	20mL
琼脂	15 ~ 20g	蒸馏水	1000mL

Na$_2$SO$_3$	5g	pH	7.2 ~ 7.4

方法:将琼脂加入 900mL 蒸馏水中,加热溶解,然后加入蛋白胨、牛肉膏、酵母浸膏、K$_2$HPO$_4$,混匀溶解。补足蒸馏水至 1000mL,调节 pH 值为 7.2 ~ 7.4。趁热用 4 ~ 6 层纱布过滤,再加入乳糖,混匀后定量分装于烧瓶内。灭菌:115℃,20min。贮存于冷暗处备用。将上述培养基加热溶解。无菌操作,根据瓶内培养基的体积,用无菌吸管按 1:50 的比例吸取一定量的 5% 碱性品红乙醇溶液注入无菌试管中。再按 1:200 的比例称取所需的无水亚硫酸钠注入另一无菌试管中,加无菌水少许使其溶解,再放在沸水浴中煮沸 10min 灭菌。用无菌吸管吸取已灭菌的亚硫酸钠溶液,滴加至碱性品红乙醇溶液内至深红色褪成淡红色为止(不宜多加)。将此混合液全部加入已融化的培养基中,充分混匀,防止产生气泡。立即将制得的培养基适量(约 15mL)倾入已灭菌的无菌空皿内,冷凝,制成平板。

附录Ⅱ 试剂的配制

一、草酸铵结晶紫染色液

A 液:

结晶紫	2g	95% 乙醇	20mL

B 液:

草酸铵	0.8g	蒸馏水	80mL

将 A 液、B 液混合,静置 48h 后使用。

二、鲁哥氏碘液

碘片	1g	KI	2g
蒸馏水	300mL		

先将 KI 溶解在少量水中,再将碘片溶解在 KI 溶液中,待碘片完全溶解后,加足水即成。

三、番红复染液

番红	2.5g	95% 乙醇	100mL

取上述配好的番红乙醇溶液 10mL 与 80mL 蒸馏水混合即可。

四、吕氏(Loeffler)美蓝染色液

A 液:

美蓝	0.6g	95% 乙醇	30mL

B 液:

KOH	0.01g	蒸馏水	100mL

将 A 液、B 液混合即成。

五、齐氏(Zeihl)石炭酸品红染色液

A 液:

碱性品红	0.3g	95% 乙醇	10mL

B 液:

石炭酸	5g	蒸馏水	95mL

将碱性品红在研钵中研磨后,逐渐加入 95% 乙醇,继续研磨使之溶解,配成溶液 A。将石炭酸溶解于水中配成溶液 B。将 A、B 溶液混合即成为石炭酸品红染色液。使用时将混合液

稀释5～10倍。稀释液易变质失效，一次不宜多配。

六、乳酸石炭酸棉蓝染色液

石炭酸	10g	乳酸(相对密度1.21)	10mL
甘油	20mL	棉蓝	0.02g
蒸馏水	10mL		

将石炭酸加入蒸馏水中，加热，完全溶解后加入乳酸和甘油，最后加入棉蓝使之溶解即成。

参 考 文 献

[1] 周群英,高廷耀.环境工程微生物学.2版.北京:高等教育出版社,2000
[2] 王建国.环境微生物学.北京:化学工业出版社,2002
[3] 王家玲.环境微生物学.北京:高等教育出版社,2000
[4] 周凤霞,白京生.环境微生物.北京:化学工业出版社,2003
[5] 贺延龄,陈爱侠.环境微生物学.北京:中国轻工业出版社,2001
[6] 国家环境保护总局《水和废水监测分析方法》编委会.水和废水监测分析方法.4版.北京:中国环境科学出版社,2002
[7] 夏北成.环境污染物生物降解.北京:化学工业出版社,2002
[8] 顾夏声,李献文,竺建荣.水处理微生物学.3版.北京:中国建筑工业出版社,1998
[9] 马放.污染控制微生物学实验.哈尔滨:哈尔滨工业大学出版社,2002
[10] 袁宝玲,李云琴.环境工程微生物学实验.北京:化学工业出版社,2006
[11] 王金梅,薛叙明.水污染控制技术.北京:化学工业出版社,2004
[12] 钱存柔,黄仪秀.微生物学实验教程.北京:北京大学出版社,1999
[13] 沈萍,范秀荣,李广武.微生物学实验.3版.北京:高等教育出版社,1999
[14] 赵由才,牛冬杰.柴晓利,等.固体废物处理与资源化.北京:化学工业出版社,2006
[15] 郑平,冯孝善.废物生物处理.北京:高等教育出版社,2006
[16] 蒋展鹏.环境工程学.北京:高等教育出版社,1992
[17] 徐亚同,史家樑,张明.污染控制微生物工程.北京:化学工业出版社,2001
[18] 沈萍.微生物学.北京:高等教育出版社,2000
[19] 杨国清.固体废物处理工程.北京:科学出版社,2000
[20] 张崇华.城市垃圾处理与处置.北京:中国环境科学出版社,1992
[21] 岳奎元,万波.微生物技术.成都:四川教育出版社,1999
[22] 安恩科.城市垃圾的处理与利用技术.北京:化学工业出版社,2006
[23] 张景来,王剑波,等.环境生物技术与应用.北京:化学工业出版社,2002
[24] 晓林,等.生物科学与生物工程.北京:新时代出版社,2002
[25] 张全国,雷廷宙.农业废弃物气化技术.北京:化学工业出版社,2006
[26] 姜成林,徐丽华.微生物资源开发利用.北京:中国轻工业出版社,2001
[27] 胡国臣,张清敏.环境微生物学.天津:天津科学出版社,2002
[28] 国家环境保护总局科技标准司.工业污染源达标排放技术.北京:中国环境科学出版社,1999
[29] 李雪驼.环境微生态工程.北京:化学工业出版社,2003
[30] 张兰英,刘娜,孙立波,等.现代环境微生物技术.北京:清华大学出版社,2005
[31] 李铁民,马溪平,刘宏生,等.环境微生物资源原理与应用.北京:化学工业出版社,2005